W0469001

So geht Agilität

Die besten agilen Methoden im Job

Susanne Nickel
Gunhard Keil

HAUFE.

Inhalt

Vorwort

Unsere Welt dreht sich immer schneller. Inbesondere die digitale Transformation beschert uns Veränderungen in rascher Folge. Was gestern noch Best Practise war, kann sich heute schon als Stolperstein entpuppen. Wer sich und seine Mitarbeiter und Teams gut durch diese unsteten Zeiten führen möchte, sollte flexibel und anpassungsfähig sein. Starre, durchgeplante Prozesse und Routinen helfen hier nicht weiter. Agilität lautet die Devise.

Doch agiles Arbeiten kann nicht einfach verordnet werden. Es setzt das richtige Mindset voraus und einen entsprechenden Reifegrad aller Beteiligten. Unser TaschenGuide unterstützt Sie dabei, diesen Nährboden für Agilität zu schaffen.

Wir stellen Ihnen bewährte Techniken, Tools und Methoden vor, mit denen Sie sich, Ihr Unternehmen, Ihre Mitarbeiter und Kollegen fit machen für den Change hin zu mehr Flexibilität. Sie erfahren, wie sich agile Prozesse nachhaltig implementieren und umsetzen lassen und welche Instrumente Sie dabei unterstützen können.

Begleiten Sie uns auf die spannende Reise in die Agilität! Wir wünschen Ihnen viel Freude beim Lesen und Ausprobieren,

Susanne Nickel und Gunhard Keil

Agiles Arbeiten: viel mehr als ein Trend

Agilität ist zwar kein Allheilmittel für Unternehmen. Sie ist jedoch wesentlich mehr als ein vorübergehender Hype oder ein Special für Softwareentwickler.

In diesem Kapitel erfahren Sie u. a.,

- wer vom agilen Arbeiten profitiert,
- auf welchem Fundament es gründet,
- ob Ihre Organisation reif für Agilität ist.

Der Klassiker: Planen nach der Wasserfallmethode

Vermutlich wissen Sie, wo München ist. Aber kennen Sie Kohfidisch? Wahrscheinlich nicht. Susanne Nickel wohnt in München und Gunhard Keil in Kohfidisch, und als die Vision entstand, gemeinsam ein Unternehmen zu gründen, war klar, dass dies mit häufigeren Reisen verbunden sein würde. Mit der Arbeit an diesem TaschenGuide, den Sie hier in Ihren Händen halten, wurden der Abstimmungs- und damit auch der Reisebedarf gleich nochmals intensiver.

Aber wie kommt man von Kohfidisch nach München? So eine Reise symbolisiert (fast) alle Prinzipien des Projektmanagements nach der klassischen Wasserfall-Methode: Vom Anfang bis zum Ende wird alles geplant. Mit klaren Messgrößen wird das Ziel beschrieben und der Weg zum Ziel anhand von Meilensteinen definiert.

Die Reise startet in Kohfidisch Richtung Oberwart um 6.15 Uhr. Um 7 Uhr fährt der Anschlussbus nach Wien los und kommt dort um 8.30 Uhr an. Ab Wien geht es weiter mit dem Zug. Wenn alles gutgeht, also kein Stau, Unfall oder technisches Problem auftaucht, erreicht der ICE um 13.37 Uhr den Münchener Hauptbahnhof. Nach 15 Minuten Fußmarsch beginnen wir beide versorgt mit einer Tasse Kaffee um 13.52 Uhr am nächsten Kapitel zu arbeiten.

Eine Reise von Kohfidisch nach München zu planen, ist zwar kompliziert, aber machbar, denn alles was man zur Planung benötigt, ist bekannt.

Kein auch nur halbwegs organisierter Mensch würde auf die Idee kommen, seine Reisen nicht zu planen. Ungeplant kann die Reise deutlich länger dauern, und sehr viel mehr kosten.

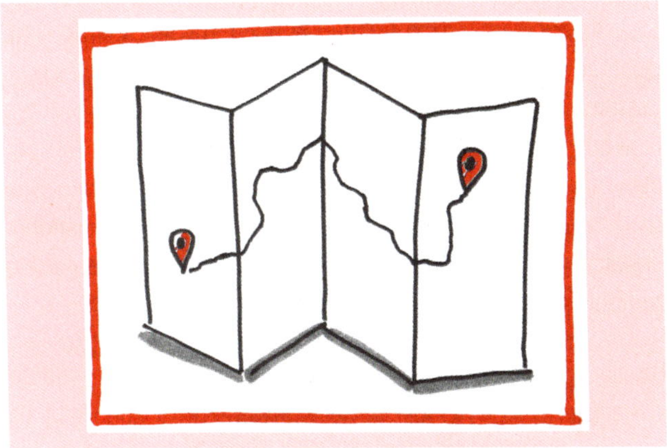

Doch nicht jedes Projekt funktioniert wie eine Reise. Es gibt Projekte, die nicht so planbar sind. Viele. Auch dieses Buch haben wir nicht nach dem klassischen Wasserfallmodell Kapitel für Kapitel geplant.

Alles ist planbar? Ein Irrtum!

Seit 1994 untersucht die Standish Group, eine unabhängige Beratungsfirma für IT-Forschung, in ihren Chaos-Studien die Erfolgs- und Misserfolgsfaktoren in IT-Projekten (siehe www.standishgroup.com). Zu Beginn der Untersuchungen dominierten noch die nach der klassischen Wasserfall-Methode durchgeplanten IT-Projekte. Sie wiesen jedoch keine sehr beruhigende Statistik auf: Nur 16 % von ihnen wurden in vorgesehener Zeit, Qualität und Budget abgeschlossen, 53 % dauerten zu lange, kosteten zu viel und/oder erreichten nicht den angestrebten Funktionsumfang. Auch im Jahr 2015 kamen nur 29 % wie geplant über die Ziellinie, während 52 % zu teuer waren, zu lange dauerten oder nicht zufriedenstellend abgeschlossen wurden. Stattliche 19 % der IT-Projekte mussten – vermutlich aufgrund zu hoher Kosten – vorzeitig abgebrochen werden.

Bei der Suche nach den Ursachen für diese schlechten Quoten kristallisierte sich heraus: In der Softwareentwicklung gibt es zu viele unbekannte Größen, als dass man alles von Anfang bis zum Ende planen kann. Und nicht nur dort: Tatsächlich hatte ja schon die Planwirtschaft der ehemaligen kommunistischen Länder bewiesen, dass zumindest das Wirtschaftsleben so nicht funktioniert. Schnell stellte sich die Frage: Wie kann man es besser machen? Klar, aufhören zu planen und einfach mal machen, ist ein Weg. Aber wer ist schon bereit, sein Geld auf die Aussage: »Schauen wir mal, ...« zu investieren? Würden Sie das riskieren wollen? Vermutlich nicht.

Die Wiege alles Agilen: das Agile Manifest

Stellen Sie sich vor, Sie entwickeln Software. Sie arbeiten Tag und Nacht, engagieren sich und am Ende haben Sie eine Erfolgsquote wie ein Arzt im Mittelalter. Das frustriert natürlich auf Dauer ungemein. Und so trafen sich 2001 in Utah 17 engagierte Software-Entwickler, um Abhilfe zu schaffen. Ihr Ziel war es, der einengenden, streng formalistischen und ausgeplanten Wasserfall-Methode, in der jeder einzelne Schritt und Meilenstein im Programm beschrieben ist, eine Alternative entgegenzusetzen. Das Ergebnis des Treffens in Utah war das Agile Manifest. Es wurde damals von seinen 17 Schöpfern und inzwischen von mehreren 100.000 Entwicklern unterzeichnet. Sie alle bekennen sich zu den im Agilen Manifest verankerten vier Grundwerten und zwölf Prinzipien des agilen Arbeitens.

Die agilen Grundwerte

Das Agile Manifest stellt klar, dass neben den agilen Grundwerten auch die Werte aus dem klassischen Projektmanagement geschätzt werden. Wenn als Grundwert im Agilen Manifest festgelegt ist, dass Individuen und Interaktionen wichtiger sind als Prozesse und Werkzeuge, dann heißt das nicht etwa, dass es nun keine Prozesse mehr braucht oder dass Tools unwichtig sind. Es bedeutet vielmehr, dass es wichtig ist, auf Menschen und deren Interaktionen zu achten, damit Tools und Prozesse richtig eingesetzt werden.

Die agilen Grundwerte

Individuen und Interaktionen sind wichtiger als Prozesse und Werkzeuge

In der klassischen Entwicklung galt die Erfolgsweisheit: »Follow the protocol«: Es wurde stur den ursprünglichen Prozessanweisungen gefolgt. Diese mechanistische Vorgehensweise hilft natürlich, wenn im Prozess ausreichend Erfahrung verankert ist und die Situationen, für die diese Prozesse geschrieben wurden, typischer Standard sind.

BEISPIEL:

Die Reanimation eines Verunglückten muss tatsächlich »nach Protokoll« durchgeführt werden. Es ist sogar gefährlich, wenn die Wiederbelebung nach eigenem Gutdünken geschieht.

Prozesse und Werkzeuge sind also durchaus wichtige Hilfen, wenn es darum geht, Standards einzuhalten, Funktionalität zu garantieren und vorhandenes Wissen zu verankern.

Ist es jedoch das Ziel, Neues zu schaffen, sieht das anders aus. In solchen Fällen ist es tatsächlich wichtiger, die Erfahrungen und Beobachtungen aller Beteiligten erst einmal zu sammeln, auch wenn Regeln und Vorschriften vielleicht anderes vorsehen. Die Qualität des Dialogs steht hier im Vordergrund, denn durch die gemeinsame kreative Auseinandersetzung werden Innovationen gefördert, wie wir später in diesem TaschenGuide noch sehen werden.

Funktionierende Produkte sind wichtiger als umfassende Dokumentation

Im Agilen gibt es nur so viel Papierkram, wie tatsächlich notwendig ist. Viel wichtiger ist es, dass das Produkt für den Kunden sinnvoll einsetzbar ist. Statt ihre Energie in Aktenvermerke und Protokolle zu stecken, sollen die Beteiligten sich also auf eine gute Abstimmung untereinander und mit dem Kunden konzentrieren. Erst dann geht es auch um die Dokumentation, um Nachvollziehbarkeit zu schaffen.

Zusammenarbeit mit dem Kunden hat Vorrang vor Vertragsverhandlungen

Wenn es um Entwicklung und Innovation geht, sollte klar sein, wem neue Produkte, Services und Vorgehensweisen dienen sollten: den Kunden. In der agilen Welt arbeiten die zukünftigen Anwender und Entwickler eng zusammen. Das wird auch durch die Rollen im Scrum (siehe das gleichnamige Kapitel) deutlich: Der Product Owner ist jemand, der die Anforderungen der Zielgruppe versteht und diese für die Entwickler verständlich übersetzen kann. Das geschieht nicht nur, wenn das Lastenheft erstellt wird, sondern laufend in kurzen Abständen. Natürlich braucht es auch formelle Grundlagen für eine erfolgreiche Zusammenarbeit, doch die enge Abstimmung mit dem Kunden steht im Vordergrund.

Die Reaktion auf Änderungen hat Vorrang vor strikter Planverfolgung

Hat der Zug Verspätung, nützt der beste Fahrplan nichts. Dann heißt es möglichst rasch reagieren, denn wichtig ist die Ankunft am Zielort, nicht der Plan. Ebenso ist es in Projekten: Wenn während der Entwicklung eines neuen Produktes klar wird, dass andere Funktionen gebraucht werden, ist es eben wichtiger, sich rasch an die neue Situation anzupassen und nicht stur nach Plan etwas zu entwickeln, was nachher keiner brauchen wird.

Bleiben wir noch kurz bei unserer Reise-Metapher: Solange alle Rahmenbedingungen bekannt sind – Fahrpläne, Hotelverfügbarkeiten und -preise, Öffnungszeiten usw. –, liefert die Wasserfall-Methode die besten Ergebnisse. Wenn Sie aber eine Expedition in unbekanntes Gebiet planen, sieht das anders aus. Alles, was Sie dann tun können, ist, agil vorzugehen: so viele Informationen sammeln wie möglich, dafür sorgen, dass das Team gut funktioniert und dann von Etappe zu Etappe die beste mögliche neue Route zum Expeditionsziel definieren.

Die agilen Prinzipien

Doch nicht nur die Grundwerte sind wichtig. Darüber hinaus gibt es im Agilen Manifest zwölf Prinzipien, deren Kenntnis dabei hilft, das agile Vorgehen zu verstehen und wirksam umzusetzen. Auch diese Regeln wurden ursprünglich für die Softwareentwicklung geschrieben. Sie lassen sich jedoch ebenso verallgemeinern wie die Grundwerte:

1. Das Wichtigste ist, möglichst früh etwas zu schaffen, was funktioniert und einen Mehrwert bringt.
2. Anforderungsänderungen sind immer willkommen, auch noch kurz vor der Fertigstellung. Denn nur das, was wirklich benötigt wird, liefert Mehrwert und Wettbewerbsvorteile.
3. Sorge dafür, dass regelmäßig und in kurzen Zyklen Funktionen für die Zielgruppe zur Verfügung stehen, die echten Mehrwert liefern.
4. Fachexperten, Entwickler und Anwender müssen während der Entwicklung täglich eng und kontinuierlich zusammenarbeiten. Nur so gibt es kurze Feedback-Schleifen, die Fehlentwicklungen verhindern.
5. Sorge dafür, dass alle Beteiligten motiviert arbeiten können; stelle alle nötigen Ressourcen dafür bereit und unterstütze, wo es geht. Vertraue darauf, dass sie ihre Arbeit gut erledigen.
6. Der beste und umfassendste Informationsaustausch ist über direkten persönlichen Kontakt gewährleistet.
7. Das wichtigste Fortschrittsmaß ist Funktionalität. Nur was einsetzbar oder anwendbar ist, zählt als Fortschritt.
8. Agil ist nachhaltig: Sorge daher für ein Tempo und Intervalle, die alle auf unbestimmte Zeit halten können.
9. Qualität ist zu jeder Zeit wichtig – ein hoher Anspruch an Ausführung, Fähigkeiten und Ergebnisse fördert Agilität.
10. Sorge dafür, dass Kompliziertes einfach wird, befreie dich von Ballast, der aufhält und keinen Mehrwert liefert.

11. Die besten Ergebnisse liefern selbstorganisierte Teams.
12. Nur Teams, die regelmäßig reflektieren, wie sie besser werden, und dies in Maßnahmen umsetzen, entwickeln sich zu Spitzenteams.

Agil versus klassisch

Agilität ist kein Allheilmittel, das universell einsetzbar ist, um alle Probleme in Organisationen und Projekten zu beheben. Das agile Vorgehen ist nicht überall geeignet. Eine einfache und wirkungsvolle Hilfe, um herauszufinden, ob sich in einem Projekt eher das lineare Vorgehen nach dem Wasserfall-Modell anbietet, ist die Stacey-Matrix. Sie wurde von Ralph D. Stacey, einem britischen Universitätsprofessor für Organisationstheorie, entwickelt.

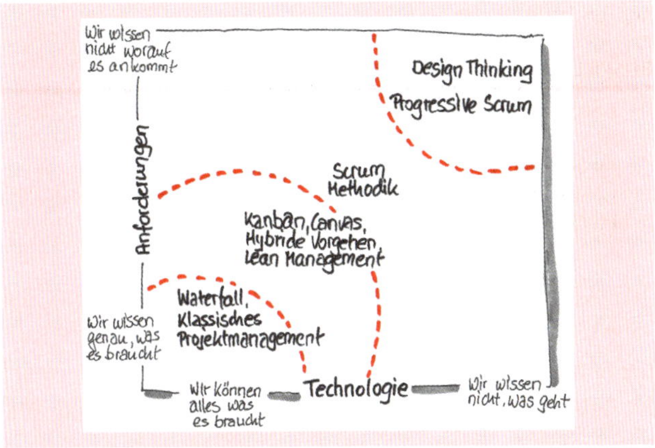

Wenn die Anforderungen klar sind und die zur Lösung nötigen Methoden bzw. Technologien beherrscht werden, kann man klassisch nach der Wasserfall-Methode vorgehen. Hier funktioniert detaillierte Planung.

Das andere Extrem: Weder die genauen Anforderungen noch die dafür nötigen Technologien bzw. Methoden sind bekannt.

BEISPIEL: MOBILFUNKBRANCHE

Ein Mobilfunkanbieter beschäftigt sich mit der Zukunft: Er fragt sich, was nach dem Smartphone kommt, welche mobilen Bedürfnisse die User in zehn Jahren haben werden und mit welcher Technologie diese Anforderungen erfüllt werden. Das lässt sich natürlich nicht klassisch planen. In solchen Extremsituationen bleibt den Verantwortlichen für die Strategie nur, sich auf Unsicherheit einzulassen.

Häufig bewegen sich Projekte zwischen diesen beiden Extremen: Nicht alles ist unbekannt, es gibt jedoch einige unbekannte Größen.

BEISPIEL: VERTRIEBSSTRATEGIE

Die Verantwortlichen für die Entwicklung einer Vertriebsstrategie für bestehende Produkte wissen nicht, ob sich angesichts des schwierigen Marktes die Anforderungen der Kunden ändern werden. Eine detaillierte Umsetzungsplanung zur Erreichung der Absatzziele wird in einer solchen Situation nicht funktionieren.

In solchen Fällen sollte die Frage: »Agil oder klassisch?« mit »Sowohl als auch!« beantwortet werden. Hier empfiehlt sich die Anwendung von agilen Methoden, um unnötigen Aufwand für Detailplanung zu vermeiden und sich für unerwartete Entwicklungen zu rüsten.

Auch abseits der Projektarbeit lassen sich punktuell agile Vorgehensweisen einführen, so z. B. bei der Planung von (Management-)Meetings (siehe hierzu näher Kapitel »Sprint Meetings«) – und zwar immer dann, wenn Rahmenbedingungen vage sind oder einzelne Faktoren nicht planbar. Wir haben die Erfahrung gemacht, dass es für das agile Vorgehen weit mehr sinnvolle und hilfreiche Anwendungsfälle gibt, als viele annehmen.

Reif für Agilität?

So mancher Verantwortlicher sagt: »Wir sind noch nicht so weit. Unsere Organisation ist noch nicht reif, um agil zu sein.« Wer wartet, bis diese Reife erreicht ist, wird vermutlich lange warten müssen. Ob Ihr Team, Ihr Unternehmen reif ist für agile Prozesse, werden Sie erst dann herausfinden, wenn Sie damit beginnen.

Natürlich hilft es vor allem in klassischen hierarchischen Organisationen, wenn Agilität »von oben« gefördert wird. Aber auch, wenn das nicht der Fall ist, kann man im eigenen Verantwortungsbereich damit starten, agil zu handeln. Setzen Sie z. B. für die Teamentwicklung agile Tools ein. Enwickeln Sie beispielsweise die nächste Vertriebsstrategie mit LEGO® Serious Play (siehe hierzu das gleichnamige Kapitel).

Beginnen Sie dort, wo der Schmerz im Unternehmen und der Gewinn durch agile Tools am größten ist. Dann werden Sie rasch Erfolge feiern können. Und Erfolge machen meistens Lust auf mehr!

Auf einen Blick: Agiles Arbeiten

- Agile Methoden und Tools stammen ursprünglich aus der Softwareentwicklung.
- Die wesentlichen Werte und Prinzipien alles Agilen sind im Agilen Manifest enthalten, das 2001 von Software-Entwicklern formuliert wurde.
- Die Grundsätze des Agilen Manifests lassen sich auf andere Projekte außerhalb der Software-Branche übertragen.
- Agil oder klassisch? Je ungewisser die Anforderungen und die Ziele sind, umso konsequenter sollten agile Methoden und Tools eingesetzt werden.

Ihr Weg in die Agilität

Mit ein paar Tools und der Parole »Ab heute sind wir agil!« ist es nicht getan. Wer das agile Arbeiten nachhaltig in seinem Team oder im Unternehmen verankern möchte, sollte zunächst das Fundament dafür schaffen.

In diesem Kapitel erfahren Sie u. a.,

- wie Sie von unserem Change-Modell profitieren,
- wie Sie ins Handeln kommen,
- ob Ihr Unternehmen fit für den Change ist,
- welche wichtige Rolle das agile Mindset dabei spielt.

Jede Reise braucht ein Ziel

Wie gehen Sie vor, wenn Sie eine Reise planen? Vermutlich werden Sie zuerst überlegen, was Sie grundsätzlich wollen: entspannen, etwas Neues sehen, Geschäftspartner treffen? Das ist der Zweck der Reise. Dann definieren Sie den Ort und damit das Ziel. Oder Sie haben gleich einen Ort im Sinn und überlegen, was Sie dort alles erleben wollen und wie Sie dorthin kommen. Am Ende wählen Sie schließlich die beste Methode aus, wie Sie Ihr Ziel erreichen können. Bei jeder Form von Veränderung gilt das auch, denn Unternehmen agiler aufzustellen, ist nichts anderes als eine Reise – meist durch unbekanntes Gelände –, um ein Ziel zu erreichen und Nutzen zu stiften.

Bevor Sie Ihr Navigationssystem in Betrieb nehmen, müssen Sie wissen, welches Ziel Sie eingeben. In diesem TaschenGuide finden Sie verschiedene Methoden, Ziele zu entwickeln, so beispielsweise im Kapitel »Das agile Handlungsleitbild«. Wie Sie am besten dorthin kommen, beschreiben wir im nächsten Abschnitt.

Ihr Navigationssystem: das Nickel&Keil-Umsetzungs-Modell

Jede Veränderung ist für Unternehmen wie eine Expedition in ein neues, unbekanntes, komplexes Gebiet. Besonders der Change hin zur Agilität ist eine Reise, die für viele Unsicherheit bedeutet.

Modelle sind wie Landkarten oder ein Navigationssystem im Auto. Sie helfen, sich auf unbekanntem Terrain zurechtzufinden. Unser Change Modell unterstützt Unternehmen dabei, schnell herauszufinden, wo es auf dem Weg hin zu mehr Agilität Unterstützung oder Stärkung braucht. Es enthält einfache Handlungsprinzipien, um den Change erfolgreich voranzutreiben.

Die fünf Elemente des Nickel&Keil-Modells

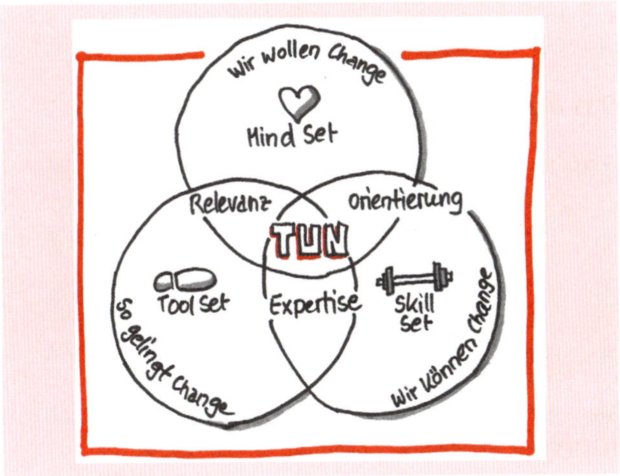

Das Nickel&Keil-Modell

1. Das Mindset: Wir wollen Change! Die Bereitschaft, Neues zu lernen und zu akzeptieren.
2. Das Tool-Set: So gelingt Change! Die Werkzeuge, um gemeinsam und wirksam Veränderung voranzutreiben.
3. Das Skill-Set: Wie können Change! Die nötigen Fähigkeiten, um den Change hin zur Agilität zu meistern.
4. Die Kultur: Der Nährboden für Change – in der Grafik symbolisiert durch das umlaufende rote Viereck.
5. Tun: Ohne Umsetzung keine Ergebnisse!

Das Mindset: Offenheit für Change

»Wenn du ein Schiff bauen willst, dann trommle nicht Männer zusammen, um Holz zu beschaffen, Aufgaben zu vergeben und die Arbeit einzuteilen, sondern lehre die Männer die Sehnsucht nach dem weiten, endlosen Meer.«

(Antoine de Saint-Exupéry)

Das Mindset wirkt grundsätzlich und entscheidend auf das, was Menschen tun und wie sie es tun. Es ist ihre innere Haltung und Einstellung, die darüber bestimmt,

1. ob sie **Informationen** als wahr, richtig und bedeutsam einstufen.
2. welche **Auswirkungen** sie als wahrscheinlich annehmen.
3. welche **Gefühle** sie haben.

BEISPIEL: DER UMZUG

Die Mitarbeiter haben gerade erfahren, dass ein Umzug des gesamten Unternehmens in ein neues Bürogebäude ansteht mit Großraumbüros, Co-Creation Space, offener Architektur und sozialen Begegnungszonen. Damit will das Executive Board rascher agile Arbeitsweisen einführen und attraktiver für junge Talente werden. Ein weiteres Ziel ist es, die über mehrere Standorte verteilten Mitarbeiter an einem Ort zu konzentrieren.

Die Ankündigung stößt nicht bei allen Mitarbeitenden auf Freude. Längere Anfahrtswege, Verlust des eigenen Büros, ungewohnte Umgebung – all dies sind Faktoren, die Sorgen auslösen, vielleicht sogar Ängste. Andere wiederum wird der Umzug motivieren. Sie werden sich auf das neue Umfeld freuen.

Wir hören immer wieder in den von uns begleiteten Change-Prozessen die Frage, wann denn nun eine Änderung im Mindset komme. Natürlich könnten wir darauf antworten: »Um 14.15 Uhr nach der Mittagspause!« Lustig, aber leider nicht zutreffend. Es braucht Zeit und Energie, um die Mitarbeiter, Kollegen und Vorgesetzten für die Veränderungen zu öffnen.

Mit den folgenden einfachen Fragen können Sie herausfinden, ob die Menschen in Ihrem Umfeld den anstehenden Veränderungen gegenüber eher positiv oder kritisch eingestellt sind:

- Worüber wird, vor allem in Pausen und auf dem Gang, gesprochen?
- Wie passt das, was offiziell verlautbart wird, zu dem, was tatsächlich geschieht?
- Woher haben Mitarbeiterinnen die aktuellsten Informationen? Von Kollegen, aus den News, Social Media …?

- Wie oft haben Sie die letzten drei Tage mit Kollegen über den Unternehmenssinn gesprochen? Wissen diese, wozu es Ihr Unternehmen gibt und welchen Mehrwert es für Kundinnen schafft?
- Gehen Sie durch die Flure und zählen Sie die lächelnden und die angespannten Gesichter – wie ist das Verhältnis?

Was Sie tun können, um das Mindset positiv zu beeinflussen und Kolleginnen, Mitarbeiter und Chefs für den Change in Richtung Agilität zu gewinnen, lesen Sie im Kapitel »Agilität beginnt mit der richtigen Haltung«.

Das agile Toolset

»Wenn dein einziges Werkzeug ein Hammer ist, wirst du jedes Problem als Nagel betrachten.«
(vermutlich: Abraham Maslow)

Wer sich auf Kurs in Richtung Agilität begeben möchte, ist nicht nur auf das entsprechende offene Mindset der Beteiligten angewiesen, er braucht dazu auch die richtigen Tools.

BEISPIEL: DER NEUE VERTRIEBSPROZESS

In einer Vertriebsabteilung soll vom klassischen »On Site Besuch«-Vertrieb auf einen modernen online-gestützen, skalierbaren und automatisierten Vertriebsprozess umgestellt werden. Nehmen wir an, der Vertriebsleiter führt nur qua Anordnungen, setzt also nur den »Hammer« ein, um sein Team auf den neuen Kurs zu bringen. Es braucht nicht viel Fantasie, um zu ahnen, dass das kein Erfolgsmodell wird.

Wie zu erwarten war, kommt es denn auch zu starkem Widerstand und schwer lösbaren Konflikten. Dass das den Vertriebserfolgen nicht unbedingt gut tut, ist keine Überraschung.

Noch immer erleben wir, dass es in vielen Unternehmen an Ideenreichtum und methodischer Armut mangelt. Vor allem wenn es darum geht, Kokreation zu fördern. Um echte Kooperation zu bewirken, braucht es Tools und Methoden wie Design Thinking, Business Canvas, LEGO® Serious Play.

Das agile Change Skill-Set

Grady Booch, ein genialer Informatiker und Erfinder der Booch-Methode, einem Vorläufer agiler Softwareentwicklung, hat es auf den Punkt gebracht: »A fool with a tool is still a fool«. Hinzu kommt: Tools sind wie Verstärker. Wer also an sich wirksame Werkzeuge schlecht einsetzt, verstärkt die verschlechternde Wirkung.

BEISPIEL: FOOL WITH A TOOL

Stellen Sie sich vor, zwei Leute streiten. Ein inkompetenter Konfliktmanager (Fool) versucht mit untauglichen Mitteln (Tool), den Streit zu schlichten. Meist streiten dann alle und alle noch mehr als vorher.

Es braucht daher spezielle Fähigkeiten, um sowohl das Mindset der Beteiligten wirksam zu adressieren als auch die agilen Tools richtig einzuführen.

- **Das methodische Skillset:** Wer Tools einsetzt, muss diese auch beherrschen. Das bedeutet, sie zu erlernen und richtig anzuwenden. Am besten funktioniert dies wiederum in agiler

Weise: Ein Tool, das schnell großen Nutzen bringt, wird ausgewählt und dann so lange eingeübt, bis sich alle, die damit arbeiten, daran gewöhnt haben und es mit Sicherheit anwenden können. Dann ist der Zeitpunkt gekommen, das nächste Tool zu lernen, es einzuüben und in den Alltag zu integrieren.

- **Das persönliche Skillset:** Veränderungen erhöhen den Stresslevel. Sie bringen Belastungen mit sich und verlangen allen Beteiligten mehr ab. Daher ist Widerstandsfähigkeit, auch Resilienz genannt, ein wichtiger Erfolgsfaktor für agile Change-Experten. Aber auch die Fähigkeiten, strukturiert vorzugehen, Prioritäten zu setzen und diese konsequent zu verfolgen, sowie flexibel auf plötzliche Anforderungen zu reagieren, sind wichtig. Dies alles unterscheidet sich nicht wesentlich von den typischen Anforderungen an Führungskräfte: Man muss in der Lage sein, Druck auszuhalten, schnell auf Anforderungen zu reagieren und das über einen längeren Zeitraum. Je mehr Personen das in Ihrem Unternehmen können, umso besser.
- **Das soziale Skillset:** Viele Führungskräfte und andere Schlüsselpersonen in Unternehmen halten Druck aus, können klar kommunizieren und verfügen über solide Management-Methoden. Wenn es aber darum geht, andere zu überzeugen, Widerstände aufzufangen, Konflikte zu lösen und nachhaltige Lösungen zu verhandeln, scheitern sie. Ihnen fehlt es an sozialen Skills. Aus unserer Erfahrung hat das soziale Skillset die höchste Priorität, wenn es Ihnen darum geht, agilen Change in Ihrem Unternehmen erfolgreich zu gestalten oder zu initiieren.

Die agile Change Kultur

»Culture eats Strategy for breakfast.«
(Peter Drucker)

Kultur ist nicht eine Fähigkeit oder ein Regelwerk, das irgendwann einmal formuliert wurde, sondern sie ist die Summe aller gelebten Werte. Sie zeigt sich darin, wie Menschen in einer Organisation handeln, wie sie miteinander umgehen.

Wer eine agile Kultur will, muss sie nicht nur aushalten können, sondern auch ganz bewusst fördern und wollen. Sie ist geprägt von folgenden Faktoren, ohne die es nicht geht.

Vertrauen

Ganz an der Spitze einer agilen Kultur steht Vertrauen: das Vertrauen, dass Mitarbeiter sich einbringen wollen, dass sie ihr Bestes tun, und zwar aus sich selbst heraus. Wer mit Zeitkarten, strenger Zielkontrolle und Verhaltensmonitoring aufgewachsen ist, tut sich mit diesem Ansatz häufig schwer. Denn Vertrauen ist der Gegenpol zu Kontrolle, Regeln und Vorschriften.

BEISPIEL: DIE TISCHTENNISPLATTE

»Habt ihr nichts Besseres zu tun?«, fragte der Chef ungehalten ein paar junge Talente, als sie ausgelassen um die neu aufgestellte Tischtennisplatte tobten. Gerade mal 10 Minuten Pause zur Ablenkung, um den Kopf frei zu bekommen nach dem anstrengenden Brainstorming. Nach der brummeligen Intervention des »Alten« war der Spaß vorbei. Mit gesenkten Häuptern ging es zurück hinter die Bildschirme. Der Pingpong-Tisch verwaiste und bei einem der folgenden Meetings kam dann vom Chef der grantige Kommentar: »Wozu haben wir das Ding gekauft? Steht eh nur rum ...«

Fehler sind okay

Edison sammelte nach eigenen Aussagen Erfahrung in nahezu 10.000 Versuchen, bis die Glühlampe brannte, Sir James Dyson entwickelte 5.100 Versuchsmodelle, bis sein beutelfreier Staubsauger endlich marktreif war. Und so manche Marktrevolution war ursprünglich einfach eine Fehlentwicklung wie die Post-its von 3M.

Dies zeigt: Fehler sind kein Makel, nichts Schlimmes, sondern sie eröffnen die Chance, aus ihnen zu lernen. Auch eine agile Kultur scheut Fehler nicht, sondern sie ermutigt, aus ihnen zu lernen. Das bedeutet gleichzeitig, dass es okay sein muss, auch Fehler zu machen, selbst wenn sie unangenehm oder teuer oder beides zusammen sind. Das heißt natürlich nicht, dass immer wieder die gleichen Fehler gemacht werden sollten. Ein Fehlermanagement sollte die Beteiligten dabei unterstützen, sie nicht in Serie zu wiederholen.

Unterstützung

Die älteste Berufsgruppe, die stets agil handeln musste, sind vermutlich Landwirte. Wenn die Heuernte ansteht und sich am Himmel dunkle Gewitterwolken bilden, gibt es für sie nur eines: mit allen Mitteln das Heu einbringen. Jeder hilft und die Arbeit ist nicht erledigt, wenn es freitags 16 Uhr ist, sondern erst dann, wenn das ganze Heu in der Scheune ist. In den Kolchosen der kommunistischen Planwirtschaft sah das Ganze ein wenig anders aus. Um 16 Uhr war Schluss, Gewitter war am Freitagnachmittag vom Obersten Sowjet eben nicht vorhergesehen.

Daher Pech gehabt! Wie erfolgreich dieser Ansatz war, lässt sich inzwischen in den Geschichtsbüchern nachlesen. Aber auch in den hoch arbeitsteiligen westlichen Kulturen ging und geht es häufig ähnlich zu. Auch heute noch steht in den meisten Arbeitsverträgen das Ausmaß der Stunden und nicht der Leistung im Vordergrund.

Planwirtschaft, Taylorismus, Dienst nach Vorschrift haben in der agilen Welt ausgedient. »Rechts und links von meiner Aufgabe interessiert mich nichts!«, ist keine Aussage, die in der co-creativen Welt Platz hat. Die agile Kultur lebt auch nicht von dem hierarchischen Anordnungsprinzip: Chef sagt an, Mitarbeiter macht. Sie sieht Führung als Dienstleistung an, die ideale Rahmenbedingungen für Leistung schafft, Orientierung gibt und unterstützt, um Ziele erreichen zu können.

Das Prinzip Unterstützung bedeutet, dass jeder, der etwas beitragen kann, das auch tut. Und zwar genau dort, wo es gerade benötigt wird, und nicht nur dort, wo es vorgeschrieben ist.

Tun!

Das zentrale – und letztendlich wichtigste – Element unseres Umsetzungs-Modells ist das Tun. Die entschlossene Umsetzung.

Damit das Tun in die richtige Richtung geht, helfen die vier agilen Grundwerte. Unterstützend bei der Umsetzung wirken Toolset, Mindset und Skillset. Diese drei Elemente können sich wiederum nur auf fruchtbarem Boden entwickeln. Diesen Boden bildet die agile Change-Kultur.

»Leider haben wir die meisten Ressourcen für die Entwicklung der Strategie verbraucht. Daher haben wir auch keine Mittel mehr, um die Umsetzung zu unterstützen.« Diese Sätze haben wir schon oft gehört. Wenn es anstrengend wird, wenn Konzepte in Taten übersetzt werden sollen, bleibt häufig nichts mehr übrig. Kein Wunder, dass sich Führungskräfte und Mitarbeiter im Change oft alleingelassen fühlen. Dabei ist die Gewinnermittlung für Konzepte recht einfach: Die Kosten für das Konzept werden vom Gewinn aus der Umsetzung abgezogen. Wenn es also keine Umsetzung gibt, dann bedeuten die schönen Pläne Verlust – und nicht Gewinn.

Wie Sie ins Handeln kommen

Es ist simpel: Fangen Sie einfach an. Suchen Sie sich das einfachste Thema, das den schnellsten Gewinn verspricht, und beginnen Sie damit. Denn nichts motiviert so stark wie realisierte Erfolge. Einfach beginnen ist Ihnen zu riskant? Minimieren Sie Risiken, indem Sie die möglichen Start-Aktionen untersuchen. Hier hilft z. B. eine einfache »Aufwand – Ertrag – Risiko«-Matrix, in der Sie gemeinsam mit Ihrem Team die möglichen Startpunkte anordnen, um zu analysieren, welche Handlung das geringste Risiko, den geringsten Aufwand und die höchste Wirkung hat.

Oder Sie setzen dort an, wo der Schmerz gerade am höchsten ist. Fragen Sie mal nach, was die meisten Vertriebsprofis von Bürokratie halten: Das Ausfüllen von Spesenabrechnungen nervt sie ungemein. So kann z. B. in einem Vertriebsteam der erste Einstieg in den Change zu einem automatisierten Vertriebssystem die digitalisierte Reisekostenerfassung sein. Solche Systeme sind günstig zu haben, und auch das Risiko in der Umsetzung ist gering. Und schwupps, haben Sie bereits einen Pain Point ausgemerzt! Ein voller Erfolg, mit wenig Aufwand und viel Effekt, der nicht nur die Bürokratie eindämmen wird, sondern auch noch etwas viel Wichtigeres mit sich bringt: eine positive Grundhaltung des Teams zu neuen Tools.

Der Umsetzungs-Coach

Jeder Mensch, der gerne fitter werden möchte, kann das ganz einfach selbst in die Hand nehmen: runter vom Sofa oder raus aus dem Bett, Laufschuhe anziehen, eine Stunde joggen. Fertig! Es wäre so einfach, wenn uns nur nicht dauernd etwas dazwischenkäme: Meistens heißt dieses Etwas »innerer Schweinehund«. Um dieses hinderliche Bequemlichkeitsmonster zu vertreiben, engagiert so mancher einen Personal Trainer. Für etwas Geld steht dann das schlechte Gewissen freundlich vor der Tür und macht es uns viel schwerer, nicht laufen zu gehen. Schließlich hat man gezahlt und will den Coach zudem nicht einfach so wieder wegschicken. Also geht es los, und das Fitness-Tun startet. Wenn dann erst einmal das Laufen und Trainieren zur Gewohnheit geworden sind, braucht es den Fitness-Coach nicht mehr – außer für neue Herausforderungen.

So wie es den Personal Trainer für die eigene Fitness gibt, gibt es den Umsetzungs-Coach für das »Tun« im Unternehmen. Der – meist externe – agile Experte sorgt dann im Sinne des Unternehmens dafür, dass nicht einfach nur irgendwie losgelegt wird, sondern dass das auch gleich richtig geschieht. Mehr dazu finden Sie im Kapitel »Agiles Coaching«.

Organisationen mit dem »Tun«-Virus infizieren

Häufig reicht bereits das Vorbild in einigen Bereichen des Unternehmens. Wenn z. B. die Vertriebsmannschaft beginnt, sich agil aufzustellen und aktiv neue und erfolgreichere Vertriebsmethoden einsetzt, dient das als gutes Vorbild, dem sicherlich weitere Bereiche folgen.

Automatisch wird das zwar nicht gelingen. Es wird jedoch leichter fallen, wenn ein Team oder eine Abteilung mit gutem Beispiel vorangeht. Auch hier kann ein Umsetzungs-Coach helfen. Ebenfalls unterstützend wirkt es, wenn die verantwortlichen Führungskräfte die Umsetzung aktiv begleiten.

Wie fit ist Ihr Unternehmen für den Change?

Ist Ihre Organisation in der Lage, den Veränderungsprozess zu stemmen? Es hängt vom Ausmaß der Veränderung ab, wie fit Ihr Unternehmen für Change sein muss, damit das Ganze keine Bauchlandung wird. Auch hier hilft es, eine Parallele zur persönlichen Fitness zu ziehen. Es macht einen Unterschied, ob man vorhat, mal 10 Kilometer unter einer Stunde zu laufen oder doch gleich einen Marathon unter drei Stunden.

Um herauszufinden, ob Ihr Unternehmen für den Change gerüstet ist, unterstützt Sie wiederum unser Modell, von dem wir eine »Fit4Change«-Standortbestimmung abgeleitet haben. Sie können sie via https://mybook.haufe.de nach Eingabe des Buchcodes TGA-HL12 in der Rubrik »Management« herunterladen. Mithilfe dieses Tests können Sie feststellen, wie gut Ihre Organisation für Change gerüstet ist. Sie erhalten so eine rasche und präzise Antwort darüber, in welchen Bereichen Sie schon gut aufgestellt sind und wo nicht. Das ist eine wichtige Hilfe, wenn größere oder kleinere Veränderungen anstehen. Sie können mit den im Test enthaltenen Fragen den Fitness-Grad Ihres Unternehmens präzise bestimmen und notwendige stärkende Maßnahmen ableiten, die Ihnen helfen, die kommenden Veränderungen erfolgreich zu meistern.

Das Nickel&Keil-Modell im Überblick

Das Modell hilft dabei, die agile Change-Stärke eines Unternehmens oder einer Organisation zu erfassen. Im Mittelpunkt steht das Tun, denn ohne Umsetzung nützen die besten Konzepte nichts.

Damit das Tun gelingt, braucht es folgende Zutaten:

- die richtigen Methoden = das Toolset,
- die richtigen Fähigkeiten = das Skillset
- die richtige Einstellung = das Mindset.

Je stärker diese Elemente ausgeprägt sind, umso stärker ist die Change-Kultur, der Nährboden für jede Veränderung in Unternehmen.

Agilität beginnt mit der richtigen Haltung

Was ist denn nun das viel beschworene agile Mindset und welche Haltung steckt dahinter? In unserem Modell ist das Mindset eine der drei wichtigen Komponenten für Veränderungen im Allgemeinen sowie auch im Besonderen, wie beispielsweise bei der Einführung agiler Methoden. In der neuen Welt nehmen Kundenorientierung, Selbstorganisation der Mitarbeiter, Vernetzung und Innovationsfähigkeit sowie die Entwicklung der Organisation einen großen Stellenwert ein. Das geht jedoch nur mit einem großen Maß an Flexibilität. Und diese fängt bei der Haltung der Individuen in einer Organisation an.

Eine Frage der Einstellung

Der kleine Leo sagt zu seiner Mutter: »Mama, gibst du mir mal 1 Euro für den alten Mann da drüben?« Die Mutter: »Ach, Leo, das ist aber lieb von dir, dass du ihm Geld geben möchtest. Wo ist er denn, der alte Mann?« »Mama, da drüben vor dem Supermarkt. Er verkauft Softeis.«

Was haben Sie anfangs gedacht? Bettler oder Eisverkäufer? Natürlich Bettler, denn die Geschichte war ja auch so aufgebaut. Allerdings haben Sie dann in Sekundenschnelle Ihre Annahme vom wohltätig gestimmten Kind wieder verworfen. Ein gutes Beispiel für ein flexibles Mindset.

Wer eine flexible Haltung hat, ist bereit, Hypothesen, die sich als nicht stichhaltig herausstellen, wieder zu verwerfen. Steve de Shazer, Psychologe und Begründer der lösungsorientierten Kurzzeittherapie, sagte einst: »Wenn du eine Hypothese hast, nimm ein Aspirin, setze dich in die Ecke und warte, bis der Anfall vorbei ist.« Doch im Business geht es nicht darum, keine Hypothesen mehr zu haben. Vielmehr ist es entscheidend, diese zu prüfen und sie auch wieder verwerfen zu können, wenn sie keinen Sinn machen.

Flexibilität trainieren

Wir können die Flexibilisierung unseres Mindsets trainieren, alleine oder auch im Team. Eine hilfreiche Übung ist, zu jeder Hypothese noch zwei dazu bilden. Fragen Sie nach jeder Annahme: Ist das wirklich so? Was könnte es noch sein? Was fällt mir noch ein? Das Ganze können Sie auch als Führungskraft auf Ihre Mitarbeiter übertragen. Mal angenommen, ein Mitarbeiter kommt mit einem Problem zu Ihnen. Was tun Sie? Es lösen? Machen Sie es besser und probieren Sie doch künftig Folgendes aus: Lassen Sie Ihre Mitarbeiter mindestens drei Lösungen dazu entwickeln, bevor Sie selbst tätig werden. Das fordert das eigenverantwortliche Denken, die Lösungsorientierung und Kreativität Ihrer Mitarbeiter.

Die Psychologie-Professorin Dr. Carol Dweck (Mindset – Changing The Way You think To Fulfil Your Potential, 2017) widmet sich der Frage des Mindsets schon seit vielen Jahren. Sie unterscheidet in Growth und Fixed Mindset. Nach ihrer Definition ist ein Mindset fixiert, wenn wir es als angeborene, kaum veränderbare Intelligenz ansehen. Wer eine solche Haltung hat, offenbart sich mit folgenden Sätzen: »Das ist eben so«, oder: »Das haben wir immer schon so gemacht«.

Menschen mit einem Wachstums-Mindset haben nach Dwecks Definition die Haltung, dass Intelligenz trainierbar und entwickelbar, also wachstumsorientiert ist. Sie entlarvt man anhand folgender Sätze: »Wenn wir wollen, können wir alles erreichen!«, »Jeder Mensch kann sich entwickeln.«. Das Growth-Mindset entspricht den Grundsätzen der positiven Psychologie mit seinem humanistischen Menschenbild. Hier geht man davon aus, dass der Mensch lernbereit und entwicklungsfähig ist, dass er den Wunsch hat zu wachsen und sich zu entfalten. Er ist in der Lage, sich zwischen Alternativen zu entscheiden und sein Potenzial zu nutzen.

Nehmen wir zur Verdeutlichung der beiden Gegenpole ein klassisches Beispiel aus der Schulzeit: Menschen mit einem Fixed Mindset glauben, dass Mathe nur derjenige beherrscht, der Talent dafür hat. Nach ihrer Ansicht sind Fähigkeiten angeboren und unveränderlich. Und so kann man Mathe – oder man kann es halt nicht. Wer so denkt, zieht seinen Selbstwert ausschließlich aus dem, was er kann. Daher fällt es Menschen mit dieser Überzeugung entsprechend schwer, mit Fehlschlägen umzugehen. Diese verunsichern sie, weil sie ihre Persönlichkeit infrage stellen. Ihre Bewältigungsstrategie ist, Fehler zu vermeiden. Sie haben keine Wachstumsstrategie.

Diese Haltung ist fatal in der agilen Zusammenarbeit. Wenn wir Neues lernen und ausprobieren, machen wir zwangsläufig Fehler. Es gilt, gemeinsam an ihnen zu wachsen.

Hier wird offensichtlich, wie wichtig ein Growth Mindset für das agile Arbeiten ist. Für uns ist das agile Mindset ein flexibles Mindset. Am besten ist es, wenn Menschen die innere Einstellung haben: Wir können uns weiterentwickeln und alles lernen, wenn wir nur ausreichend viel Arbeit investieren. Wir sehen Fehler als Lernchancen. Schwierigkeiten lassen uns wachsen. Und wenn etwas schiefläuft, reflektieren wir anschließend, was wir danach besser machen können.

> Menschen mit einem agilen Mindset lieben Herausforderungen und sehen Misserfolge als wichtige Schritte auf ihrem Weg zum Erfolg.

Erfolgsrezept »flexibles Mindset«: die Zutaten

1. Fähigkeit zum Perspektivwechsel
2. Selbstreflexions-Kompetenz
3. Kritisches Betrachten und Hinterfragen des Status quo, z. B. von Regeln, und die Bereitschaft, eigene Überzeugungen über Bord zu werfen
4. Glaube an die Lernfähigkeit und Weiterentwicklung von Menschen
5. Ambiguitätstoleranz: die Fähigkeit, auch Unsicherheiten und Widersprüche aushalten zu können
6. »Out of the Box«-Denken
7. Respekt und Wertschätzung für andere und deren Meinungen
8. Offenheit gegenüber Neuem
9. Fehlerfreundlichkeit
10. Experimentierfreude

Ein agiles Mindset wird nicht auf Knopfdruck gelingen. Desto mehr wir uns jedoch darauf einlassen und den Raum dafür öffnen, es mit Freude und Neugier zu ergründen, umso mehr Früchte wird es tragen.

Selbstreflexion: Flexibles Mindset

Überlegen Sie: Wie stark sind die zehn Aspekte aus der Tabelle oben bei Ihnen ausgeprägt auf einer Skala von 1 bis 10 (1 bedeutet gar nicht und 10 vollumfänglich)?
Diese Reflexion eignet sich sowohl zur Selbstreflexion als auch zum Selbstbild- Fremdbild-Abgleich mit Mitarbeitern. Stellen Sie fest, dass die Aspekte nur sehr gering ausgeprägt sind, sollten Sie überlegen, wie Sie Ihre Flexibilität trainieren können (siehe hierzu näher Kapitel »Scrum«).

Co-Creation – gemeinsam oder gar nicht

Co-Creation ist eine neue Form der Zusammenarbeit. Kunden werden gezielt an der (Neu-)Gestaltung bzw. Schöpfung von Produkten beteiligt, um die kollektive Kreativität zu heben und die besten Lösungen für den Kunden zu schaffen. Mithilfe von Co-Creation entstehen wertvolle Synergieeffekte, da der Kunde sich ernst genommen fühlt und seine Bedürfnisse, Wünsche und Probleme in die Lösungsfindung miteinbezogen werden können.

> Alone you have power. Together we have force and fun.

Lassen Sie uns einen Blick auf Unternehmen werfen, die bei der Produktentwicklung co-creativ vorgehen: Einige fortschrittliche Automobilhersteller nutzen für den Potenzialcheck ihrer Produkte nicht mehr ausschließlich Marktanalysen oder Fokusgruppen. Sie binden darüber hinaus den Verbraucher schon früh in die Produktentwicklung ein, um sicherzustellen, dass seine Erwartungen vielleicht sogar übertroffen werden und somit ein Wettbewerbsvorsprung entsteht. So hat z. B. BMW ein Co-Creation Lab initiiert: Verbraucher können virtuell Ideen einreichen und damit Konzeptfahrzeuge mitentwickeln.

Ein anderes interessantes Beispiel liefert Hitachi: Um Innovationen mit hohem Wert zu kreieren, setzt der japanische Konzern auf die Zusammenarbeit mit seinen Kunden: Gemeinsam werden Herausforderungen identifiziert, Visionen erarbeitet und Lösungen entwickelt. Die Kunden werden in die Konzept- und Prototyping-Phase mit eingebunden, bevor das Produkt in den Markt eingeführt wird.

Co-Creation bietet sich nicht nur an, wenn es um Produkte geht. Auch in der Organisationsentwicklung kann sie eingesetzt werden, um von der Expertise der »Kunden« zu profitieren. Kunden in diesem Sinne können hier beispielsweise die Mitarbeiter sein.

Wenn man ausschließlich in der HR-Abteilung über einer neuen Recruiting-Strategie brütet, ist das, entschuldigen Sie die Ausdrucksweise, Inzucht. Wer weiß besser Bescheid, wenn es um Bedürfnisse und das Gewinnen von Kandidaten geht, als diese selbst oder solche, die es gerade noch waren? Also warum nicht New Hires, Bachelor-Studenten, neue Fachexperten, Führungskräfte oder, wenn möglich, sogar externe Kandidaten in die Strategieentwicklung miteinbinden?

Co-Creation bedeutet für uns, die Zielgruppe zu involvieren und gemeinsam mit ihr mit kreativen Methoden neue Ideen zu entwickeln. Partizipation schafft Commitment und Akzeptanz, denn: Das eigene Kind ist nie hässlich.

In der Praxis kann kreative Kollaboration so aussehen: Bei einem Unternehmen mit 6.000 Mitarbeitern entwickeln wir die neue Unternehmensstrategie mit allen knapp 500 Führungskräften zusammen. Alle Level bis zum Teamlead sind mit dabei. Wir arbeiten mit kreativen Methoden wie Design Thinking, Canvas, Lego und vielen mehr. Bei der Ausrollung der Strategie sagt der Vorstandsvorsitzende vor allen Führungskräften: »Wir haben das deswegen so gemacht, damit ihr nicht anschließend sagt: »Das haben sich wieder mal die Deppen da oben ausgedacht!«

Mut zur Transparenz und zum Siloabbau

Der Gedanke hinter Co-Creation ist, Ideen zu teilen, anstatt die Ideenfindung einer elitären Gruppe vorzubehalten. Denn Wissen mehrt sich, wenn man es teilt, und Partizipation schafft Commitment. Können Mitarbeiter mitbestimmen, fühlen sie sich ernst genommen. Das macht Co-Creation zu einem wichtigen Faktor des Employee-Relationship-Managements. Co-Creation stärkt das Image des Unternehmens und erhöht im War for Talents dessen Attraktivität als Arbeitgeber.

Wird Change im typischen Top-down-Ansatz verordnet, führt das meist zu Widerstand der Betroffenen. Dies wiederum kostet Zeit und wertvolle Ressourcen, bis alle zeitversetzt aus dem Tal der Tränen der Veränderung wieder draußen sind.

Mit Co-Creation schaffen wir Transparenz und binden die Menschen dort ein, wo es möglich und sinnvoll ist. Die Geschäftsführung ist hier bestenfalls der Treiber des Change. Es gilt, die Hidden Champions im Unternehmen zu finden, Menschen mit Motivation und Erfahrung, die gute Ideen und die richtige Einstellung zum Wandel haben.

Beteiligung schafft Motivation.

Für uns ist Co-Creation ein Ansatz, mit dem Veränderungen im Allgemeinen und agile Vorhaben im Besonderen gelingen. Durch das Zusammenbringen der unterschiedlichen Akteure können Veränderungsvorhaben optimiert und viel nachhaltiger und zielgerichteter mit mehr Erfolgschancen umgesetzt werden.

Co-Creation ist nur möglich in Unternehmen mit einem entsprechenden Reifegrad an Offenheit und einem entscheidungsfreudigen Management. Mithilfe von Co-Creation und interdisziplinärer Zusammenarbeit erweitern Teammitglieder oder auch cross-funktionale Teams die eigene enge Perspektive. Dadurch entstehen innovative Ideen. Die Kommunikation wird transparenter und Wissenstransfer findet statt.

Partizipation kann in vielen Vorhaben zum Einsatz kommen. Und am Ende steht nicht selten die Begeisterung der Akteure für den Wandel. Co-Creation unterstützt Unternehmen auf dem viel beschworenen Weg in die sogenannte neue Welt: Selbstverantwortung der Mitarbeiter statt Mitläufertum, Zusammenarbeit auf Augenhöhe statt des alten Weisungs- und Kontrollapparats.

Selbst wenn nicht alle Mitarbeiter den Reifegrad dafür haben, lohnt es sich zu starten. Mittels Coachings und weiterer Beratung kann die Organisationsentwicklung ihren Lauf nehmen. Das bringt jedes Unternehmen nach vorne und weckt die Lust und das Interesse auf mehr.

Vorteile von Co-Creation

- Beteiligung schafft Commitment.
- Wissen mehrt sich, wenn man es teilt.
- Silos werden schneller abgebaut. Übergreifendes Zusammenarbeiten wird begünstigt.
- Perspektivwechsel wird gefördert.
- Kooperation findet auf Augenhöhe statt: Alle Beteiligten sind wichtig, werden gehört und gesehen in ihren Bedürfnissen.
- Innovationskraft der Unternehmen wird erhöht.
- Mehr Motivation und weniger Widerstand.

Die agilen Tools

In diesem Kapitel finden Sie einen Mix bewährter agiler Techniken. Neben Klassikern wie z. B. Kanban, Business Model Canvas, Persona und LEGO® Serious Play, erläutern wir Ihnen auch Tools, die wir selbst entwickelt und in zahlreichen Workshops erprobt haben.

ROTI

ROTI in Stichworten

Schlanke Feedback-Methode, um sich schnell und transparent die Stimmung der Anwesenden abzuholen. Einfach umsetzbar. Für jegliche Art der Rückmeldung geeignet.

Wofür ist ROTI geeignet?

Die ROTI-Methode hat sich im agilen Coaching- und Arbeitsumfeld, angelehnt an den ROI (Return On Investment) aus der Renditebetrachtung, entwickelt. ROTI ist ein Akronym. Seine Buchstaben stehen für »Return On Time Invested«. Diese schlanke und agile Feedback-Methode kann in Klein- wie Großgruppen eingesetzt werden, um deren Meinung und Stimmung zu spiegeln. Mit sehr geringem Aufwand kann damit eine effektive Umfrage durchgeführt werden. ROTI ist intuitiv und macht es den Teilnehmenden einfach, Feedback zu geben. Die Methode zeigt schnell und transparent, wo Optimierungsbedarf besteht. Wir nutzen ROTI in Meetings, bei Workshops, Trainings, Coachings, Daily Scrums oder auch, um die eigene Arbeit zu reflektieren.

Auch negatives Feedback wird damit sehr deutlich. Darüber sollten Sie sich im Klaren sein.

Wie wird ROTI angewendet?

ROTI kann für Workshops und andere Formate genutzt werden, in denen sich Evaluationen anbieten. Man beginnt immer mit einer Kosten-Nutzen-Frage. Bei einem Meeting könnte sie so lauten: Hat sich die Zeit, die du in das Treffen investiert hast, gelohnt in Bezug auf den Nutzen und Vorteil, den du daraus ziehst? Die Teilnehmer geben anschließend eine Einschätzung ab. Bewährt hat sich dafür die Fünf-Finger-Methode (Fist of Five). Ein Finger aufzeigen bedeutet: wertlos – die investierte Zeit war verlorene Zeit. Zwei Finger bedeuten: wenig Nutzen. Es wurde zu viel Zeit für zu wenig Outcome investiert. Drei Finger besagen, dass Nutzen und investierte Zeit ausgewogen sind. Vier Finger drücken aus, dass der Nutzen und Vorteil die investierte Zeit überwiegen. Und das Aufzeigen aller fünf Finger bedeutet, dass das Meeting wirklich sehr wertvoll war.

ROTI kann auch mittels Smileys auf einem Chart durchgeführt werden, und zwar anhand von fünf Smileys von schlechter Laune (1) bis zum lachenden Smiley (5). Unter die Gesichter setzen die Teilnehmenden je nach Einschätzung ihre Striche.

Im Ergebnis kann so rasch gemessen werden, wie die Anwesenden den Nutzen des Meetings einschätzen. Ebenso schnell wird deutlich, ob es ein Problem gibt, z. B. wenn nur ein oder zwei Finger gezeigt werden. Das kann dann ein Impuls sein, das Meeting anders zu gestalten. Die ROTI-Methode kann den letzten Tagesordnungspunkt mit sich anschließender kurzer Diskussionsmöglichkeit bilden.

Business Model Canvas

Business Model Canvas in Stichworten

Innovative Methode zur Entwicklung von Geschäftsmodellen, wobei der Begriff »Geschäftsmodelle« sehr weit ausgelegt wird: Er umfasst Talent- und Führungskräfteprogramme, die Neuausrichtung eines Teams, die strategische Neuausrichtung eines Unternehmens oder einzelner Bereiche, jegliche neue Business- und Geschäftsfelderentwicklung.

Wofür ist das Business Model Canvas geeignet?

Beim Business Model Canvas handelt es sich um eine Lean Start-Up Methode. Es wurde vom Wirtschaftsexperten und Unternehmensberater Alexander Osterwalder konzipiert, um die

Entwicklung von innovativen Geschäftsmodellen zu unterstützen. Das Business Model Canvas ist ein absolut praxistaugliches Werkzeug, das Verständnis, Diskussion, Analysen und auch Kreativität in einem Co-Creation Prozess fördert. Die Basis für die Arbeit mit dem Canvas Model ist ein Plakat mit mehreren Feldern, welche die Schlüsselfaktoren für ein Geschäftsmodell abbilden.

Mittlerweile arbeiten Millionen von Nutzern damit. Zu Recht, denn das Modell vereint alles, was notwendig ist, um ein neues innovatives Business-Konzept zu kreieren. Es hilft zudem dabei, intern Marketing für eine Idee zu betreiben, da es eine Geschichte des Geschäftsmodells erzählt und angenehm visuell aufbereitet ist.

In Co-Creation mit 400 Personal-, Coaching- und Innovationsexperten wurde zudem das Business Model We entwickelt. Die Inhalte des Business Model Canvas werden darin auf die persönliche und strategische Ausrichtung von Menschen transferiert. Der dahinterliegende Kerngedanke ist, dass man jeden Mitarbeiter, jedes Team, jede Abteilung in einem Unternehmen als eigenes Geschäftsmodell entwickeln kann. Im Mittelpunkt der Arbeit mit dem Business Model We steht der Nutzen, der Mehrwert, den die Person, das Team oder die Abteilung im Unternehmen schaffen.

Wie wird das Business Model Canvas angewendet?

Das Business Model Canvas wirkt auf den ersten Blick wie eine große Leinwand von einem Maler, auf der neun Bausteine bereits vorgezeichnet sind. Auf diese Felder werden Bilder gemalt oder Post-its gepinnt, um ein neues innovatives Business-Konzept zu kreieren.

Die Vorbereitung eines Workshops mit dem Model Canvas ist relativ simpel. Die Leinwände mit den Feldern werden ausgedruckt. Genug verschiedenfarbige kleinere und größere Post-its und Buntstifte sowie Textmarker werden für die Teilnehmer bereitgelegt. Die Canvas werden an einer Metaplanwand oder an der Raumwand befestigt, sodass die Teilnehmer entweder darauf malen, oder Post-its darauf kleben und davor diskutieren können. Der Raum sollte Platz zum Malen und Beschreiben der Post-its bieten, d. h., ein paar Arbeitstische sind günstig. Als zusätzliche Hilfsmittel eignen sich Flipcharts, selbstklebende Moderationskarten und zwei bis drei Metaplanwände; ebenso sollten Beamer und Laptop vorhanden sein.

Die Teilnehmenden

Die Teilnehmenden kommen bestenfalls aus verschiedenen Unternehmens- und Fachbereichen sowie Positionen und sind unterschiedlich alt. Je diverser das Team, desto besser. Ideal ist ein Mix aus Menschen mit unterschiedlichen Erfahrungen und Betriebszugehörigkeiten, die vielleicht sogar verschiedene kulturelle Hintergründe haben.

Leitfaden zur Durchführung eines Business Model Canvas Workshop

Die Teilnehmer füllen nach und nach die Felder der Leinwand aus. Für jedes Feld werden Post-its geschrieben oder es wird direkt in die Felder gemalt, sodass am Ende des Workshops alle befüllt sind.

Das Ziel ist Kundennutzen zu stifen, und genau darauf arbeitet man mit dem Befüllen der umliegenden Feldern hin.

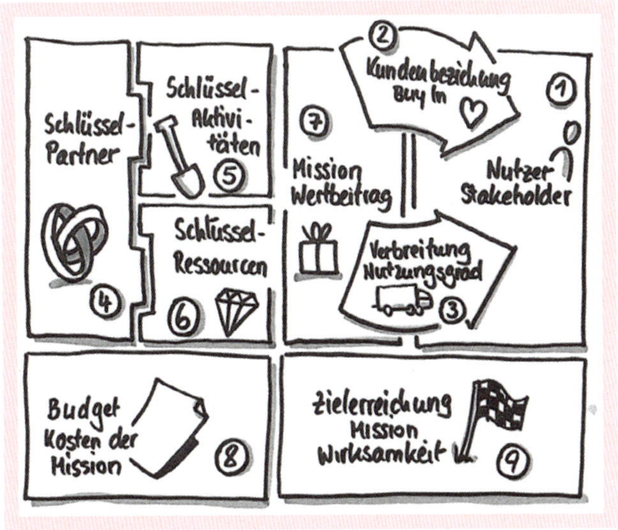

Felder 1 bis 3: Unsere Kunden

In diesen Feldern geht es darum, die Kunden unter die Lupe zu nehmen. Exemplarische Fragen können sein: Für wen schöpfen wir Wert? Wer sind unsere wichtigsten Kunden und Stakeholder? Wie erfüllen wir die Erwartungshaltung des Managements?

Wir arbeiten bei den Kunden-Feldern gerne auch mit dem sog. Stakeholder/Nutzer-Profil, ein Extra-Canvas, um z. B. Stakeholder, die es zu überzeugen gilt, besser verstehen und so besser auf sie eingehen zu können. Pro Canvas wird ein Stakeholder betrachtet. Die Felder des Canvas werden von der Gruppe mit Post-its versehen. Konkret geht es um drei Felder:

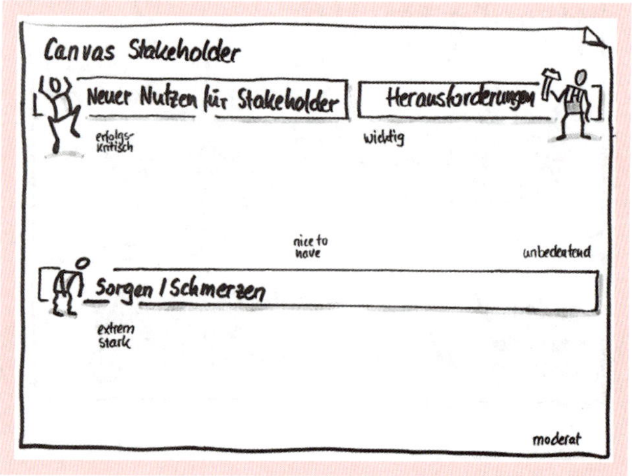

- Nutzen: Was muss sein? Und was ist lediglich nice to have, also schön, aber nicht unbedingt erforderlich?
- Vor welchen Herausforderungen steht der Stakeholder? Was ist für ihn sehr wichtig und was eher unbedeutend?
- Welche Sorgen und Schmerzen hat unser Stakeholder?

Feld 4: Schlüssel-Partner

Wer ist notwendig und kann uns dabei helfen, unser Projekt zum Erfolg zu bringen? Was können wir tun, um das Zusammenspiel zwischen den Partnern zu optimieren?

Feld 5: Kern-Aktivitäten

Welche Aktivitäten sind nötig, um den Kundennutzen zu erfüllen? Welche Aktivitäten sind darüber hinaus wichtig, um das »Geschäftsmodell« zu realisieren?

BEISPIEL: TALENTMANAGEMENT-PROGRAMM

Geht es um ein Talentmanagement-Programm, sind etwa die folgenden Fragen relevant: Wie schaffen wir es, dass die Talente selbst die Gestaltung in die Hand nehmen? Wie können wir eine geschickte und prägnante Vermarktung des Programms gestalten? Wie könnte eine gute Steuerung und eine gesamtverantwortliche Betreuung des Programms aussehen? Wie die individuelle Entwicklungsplanung?

Hier bietet sich die »Was-wäre-wenn«-Fragetechnik an. Ein Beispiel: Was wäre, wenn unsere Talente die Gestaltung des Programms selbst in die Hand nähmen? Diese Fragetechnik provoziert die Teilnehmer und fordert sie heraus, dasjenige Geschäftsmodell zu entwickeln, das ihre Hypothesen funktionieren lässt. Bei IKEA fragte man sich damals in den 1960er-Jahren (Osterwalder/Pigneur, S. 145): Was wäre, wenn Möbelkäufer die Komponenten in flachen Paketen aus einem großen Lager aussuchen und die Produkte zu Hause selbst aufbauen würden?

Feld 6: Schlüssel-Ressourcen

Was können wir gut? Welche neuen Kompetenzen müssen wir auf-/ausbauen? Auf welche finanziellen, menschlichen, physischen Ressourcen können wir noch zugreifen?

Feld 7: Mission und Wertbeitrag

Dieses Feld ist das Herzstück des Canvas. Welchen konkreten Nutzen stiften wir mit dem Geschäftsmodell für unser Unternehmen? Was muss sich ändern, damit Kunden das Modell als gelungen ansehen? Woran werden wir das erkennen?

In diesem Schritt nutzen wir auch gerne das Prototyping, um die Teilnehmer noch mehr in die Aktion und Kreativität zu bringen (siehe hierzu näher Kapitel »Design Thinking«). Die Aufgabenstellung kann dann z. B. lauten: Gestalten Sie eine Produktverpackung für Ihr Produkt, also Ihren Wertbeitrag. Alles, was die Workshop-Teilnehmenden dazu erhalten, ist ein Karton. Diesen sollen sie auf der Vorderseite mit einem Produktnamen, einer Grafik und drei Verkaufsargumenten versehen. Auf der Rückseite sollen die Produktbeschreibung, Informationen über die Funktionalität und die Bedienungsanleitung platziert werden.

Feld 8: Kosten

Welche Kosten werden entstehen? Welche Ressourcen und Aktivitäten sind am teuersten? Wie sieht unsere Argumentation für das Budget aus?

Feld 9: Nutzen

Welcher Nutzen wird durch das neue Geschäftsmodell gestiftet, und zwar für alle Kunden und Stakeholder? Was bekommen sie am Ende? Wie wird der Nutzen evaluiert? Wie sichern wir uns ab, ob wir noch auf der richtigen Spur sind? Welche KPIs können wir zur Evaluation nutzen?

Voraussetzungen für die Anwendung

Ein PDF des Business Model Canvas zum Ausdrucken finden Sie auf www.BusinessModelGeneration.com/canvas. Man kann die Felder aber auch auf einem Flipchart-Papier nachzeichnen.

Weiterführende Quellen

Osterwalder, Alexander; Pigneur, Yves: Business Model Generation – A Handbook for Visionaries, Game Changers and Challengers, 2010.

Clark, Timothy; Osterwalder, Alexander: Business Model You – A One-Page Method For Reinventing Your Career, 2012.

Kanban

Kanban in Stichworten

Das Tool unterstützt nicht nur dabei, alle offenen, laufenden und erledigten Aufgaben im Überblick zu behalten, sondern macht zusätzlich deutlich, wie viele Tasks welchen Fertigstellungsgrad haben. Damit können Sie Ressourcen effizienter planen, Ergebnisse präziser vorhersagen und bei Abweichungen rascher reagieren.

Wofür ist Kanban geeignet?

Kanban (japanisch für: Karte) war ursprünglich ein Steuerungssystem für Produktionsprozesse. 1947 entwickelte der Japaner Taiichi Ohno, Produktionsleiter beim Autohersteller Toyota, eine bahnbrechende Idee für die Optimierung von Produktionsabläufen bei seinem Arbeitgeber. Er setzte simple Karten ein, um rechtzeitig anzuzeigen, dass ein bestimmtes Produktionsmittel zur Neige geht und nachgefordert werden muss. So verhinderte er, dass wegen fehlenden Materials die Produktion stillstand. Die Folge war eine enorme Produktivitätssteigerung.

Heute wird Kanban nicht nur in Produktionsbetrieben eingesetzt, die Methode ist weitverbreitet. Ob Softwareentwicklung, Office- oder Projektmanagement – sie bietet sich überall dort an, wo mehrere Personen gemeinsam an Aufgaben arbeiten. Es gibt praktisch keine Situation, in der Sie Kanban nicht als unterstützendes Tool für agiles Task- und Workflowmanagement einsetzen können.

Kanban unterstützt Teams dabei, komplexe Verantwortungsfelder mit vielen unterschiedlichen Tasks zu managen:

- Die Methode verschafft einen transparenten Überblick über alle Aufgaben in einem Team, um daraus zieldienliche Maßnahmen abzuleiten.
- Die Konzentration auf wenige Tasks und der Fokus auf die Umsetzung und den Abschluss dieser Aufgaben steigern sowohl die Effizienz als auch die Effektivität der Teams.
- Engpässe werden rasch deutlich.
- Ein fest integrierter kontinuierlicher Verbesserungsprozess sorgt für beständige Leistungssteigerung und hilft dabei, unnötigen Aufwand (im Agilen »Waste« genannt) besser zu identifizieren und zu eliminieren.

Wie funktioniert Kanban?

Visualisierung mit Kanban

Die Kanban-Technik ist verblüffend einfach. Laufende Arbeiten werden mittels Kärtchen entlang des Arbeitsflusses auf einem sogenannten Kanban-Board sichtbar gemacht. Das lässt sich entweder digital mittels Software, wie z. B. »Jira« von Atlassian, umsetzen oder mithilfe von Post-its, die Sie auf einer Pinnwand oder einer Wand des Büros anbringen. Jede Aufgabe wird auf eine Karte geschrieben.

Ein Kanban-Board ist eingeteilt in Säulen, die jeweils für einen bestimmten Prozessschritt stehen.

- Die erste Säule steht meist für die Themensammlung, Stories genannt.
- Die Säule Nr. 2 steht für die aktuellen To-dos, also die Aufgaben, die Sie beispielsweise in einem Sprint (vgl. näher hierzu das Kapitel »Scrum«) erledigen wollen.
- Die nächste Säule steht für »In Progress«, also »In Bearbeitung«. Hierhin werden diejenigen Aufgaben-Kärtchen verschoben, an denen gerade aktiv gearbeitet wird.
- Aufgaben, die erledigt wurden, müssen getestet werden. Das gilt vor allem in der Softwareentwicklung, bei der Kanban mittlerweile häufig eingesetzt wird. Daher gibt es auch die Spalte »Testing«.
- Zur Säule »Done« dürfen nur jene Karten verschoben werden, die der Definition of Done entsprechen. Das ist jener Fertigungsgrad, der vom Team gemeinsam als Messlatte für den Status »Fertig« definiert wurde. Diese Säule ist für die Motivation wichtig, denn hier wird deutlich, was das Team tatsächlich bereits alles geleistet hat.

Selbstverständlich können Sie die Spalten je nach Projektprozess anpassen, damit sie Ihre Arbeitsabläufe ideal unterstützen.

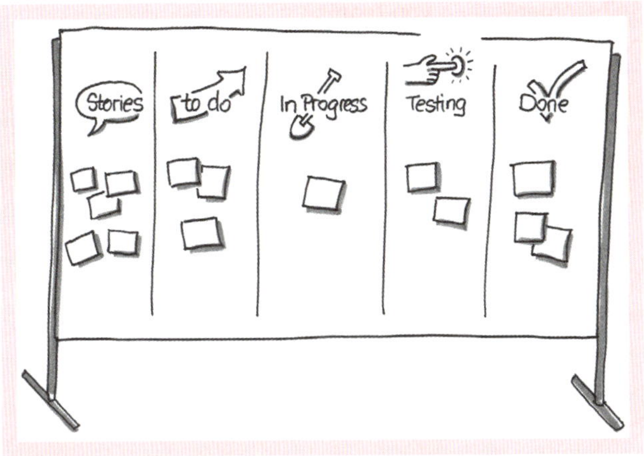

Typisches Kanban Board mit einer einfachen Säulenaufteilung

Die Arbeit mit Kanban ist einfach: Die Teammitglieder übernehmen eigenverantwortlich einzelne Tasks und verschieben die zugehörigen Karten je nach Aufgabenstatus auf dem Kanban Board. In regelmäßigen Meetings, so z. B. Daily Stand-ups, Management- oder Projektmeetings, informieren die Teammitglieder kurz zum Status ihrer Karten. Gemeinsam wird der abgebildete Status-quo der Aufgaben analysiert. Je nach Verteilung der Karten werden vorhandene Ressourcen neu verteilt, Aktionen beschlossen und, wenn nötig, weitere Personen eingebunden.

Selbstorganisation von Teams

Die Kanban-Methode sieht ein Limit der Work-in-Progress-Aufgaben (sog. WIP-Aufgaben) vor. Dahinter steht die einfache Überlegung, dass nur abgeschlossene Arbeiten einen Mehrwert bringen. Es macht wesentlich mehr Sinn, eine Aufgabe wirklich so fertiggestellt zu haben, dass sie der Definition of Done entspricht, als zehn Aufgaben nur zu 50 Prozent. Denn am Ende zählen nur vollständige Ergebnisse – oder können Sie mit einem halbfertigen Auto fahren?

Ab einer gewissen Zahl von WIP-Tätigkeiten erhöht sich zudem der Administrations- und Steuerungsaufwand unverhältnismäßig. Hierzu ein Beispiel aus dem Privatleben: Stellen Sie sich vor, Sie bereiten in einer kleinen Küche Vor-, Haupt- und Nachspeise gleichzeitig zu. Das Hin- und Herräumen der Töpfe, Kochlöffel, Mixer und Messer würde mehr Zeit in Anspruch nehmen als die eigentliche Zubereitungstätigkeit. Die Fehlerquoten würden sich erhöhen, während die Qualität sinkt.

Das Limit sorgt dafür, dass nur so viele Aufgaben in der Bearbeitung sind, wie sie vom Team flüssig bearbeitet werden können. Diese Obergrenze setzen sich die Teammitglieder selbst. Statt Arbeiten zugewiesen zu bekommen (Push-Prinzip), holen sie sich die Aufgaben selbst (Pull-Prinzip) und achten dabei darauf, dass es nicht zu einem Overload kommt. Das ist ein wichtiger Unterschied zu anderen Methoden, in denen es sogenannte Assignments – also Zuweisungen – gibt. Durch das selbstständige Ziehen der Aufgabe erhöht sich das Commitment derer, die sich die Aufgaben ausgesucht haben. Es gibt auch wesentlich weniger Ausreden und Erklärungen, wenn etwas nicht so funktioniert wie vorgesehen. Tatsächlich ist das Pull-Prinzip ein wesentliches Organisationsmerkmal selbstorganisierter Teams.

Wenn es dennoch zu Task-Staus kommen sollte, ist dies auf den Kanban Boards sofort sichtbar. Das Team übernimmt dann selbst die Aufgabe, Maßnahmen zu definieren, um die Situation zu managen und voranzukommen.

Priorisierung

Wenn Task-Karten nur eine Beschreibung und keine Priorität aufweisen, wird die Steuerung im Alltag schwierig, vor allem wenn es doch einmal zu Bearbeitungsstaus kommt. Zur Priorisierung können z. B. die folgenden vier Leistungsklassen definiert und durch Karten unterschiedlicher Farbe visualisiert werden.

Leistungsklasse	Beschreibung
Beschleunigt	Dringende und wichtige Aufgaben, die, wenn sie nicht bearbeitet werden, unmittelbar hohe Kosten bzw. einen großen Schaden verursachen können (Beispiele: Maschinenstillstand, Serverausfall). Nur diese Arbeiten dürfen das WIP-Limit überschreiten.
Fester Termin	Aufgaben, die eingeplant sind und einen Endtermin haben, der nicht verschiebbar ist. Dazu zählen Tasks, die durch Gesetze vorgegeben sind, z. B. Regularien der Datenschutz-Grundverordnung. Wenn diesen nicht entsprochen wird, könnte dies zum Verlust der Geschäftsberechtigung führen. Diese Aufgaben haben eine höhere Priorität als die nachfolgenden.

Leistungsklasse	Beschreibung
Standard	Typische Arbeiten, die keine besondere Dringlichkeit oder Wichtigkeit haben und im normalen Arbeitsprozess erledigt werden.
Unbestimmt	Aufgaben, bei denen die Konsequenzen einer Terminüberschreitung noch nicht einschätzbar sind, so z. B. bei Abhängigkeit von einem Single Supplyer.

Diese Kategorisierung dient nur als Beispiel für eine mögliche Prioritätensetzung. Natürlich gibt es noch weitere Kriterien, die Sie für eine Priorisierung und damit Steuerung der Aufgaben verwenden können.

Prozessregeln nach dem Dreier-Prinzip

Damit der Fluss im Team funktioniert und die schnellen Abstimmungen ohne Diskussionen lean funktionieren, braucht das Team Orientierungshilfen in Form von Regeln. Umfangreiche Regelwerke kann sich niemand merken. Es ist also wichtig, so wenig wie möglich Regeln zu haben, am besten nur drei. Bei vielen agilen Tools gibt es das Dreier-Prinzip. Es bedeutet, dass pro übergeordneter Regel nicht mehr als drei Unterregeln formuliert werden dürfen, damit jeder im Team jederzeit und ohne nachzusehen die Chance hat, sich die Regeln zu merken.

Die drei übergeordneten Regeln im Kanban sollten Antworten auf folgende Fragen liefern:

1. Was genau bedeuten die Spalten?
2. Wie ist das fertige Produkt definiert (Definition of Done)?
3. Wo liegt das WIP-Limit?

> Die Kunst besteht darin, klug zu reduzieren und sich auf das zu konzentrieren, was es wirklich braucht.

Kontinuierliche Verbesserung

Wie bei allen agilen Methoden, ist es auch das Ziel von Kanban, den Prozess und den Output kontinuierlich zu verbessern. Zur Messung der Fortschritte braucht es geeigneter Messgrößen und -verfahren.

- Die Messgrößen sind so definiert, dass sie vom Team beeinflusst werden können.
- Die Messzyklen sind so gesetzt, dass das Team rechtzeitig reagieren kann, um Verbesserungen auch wirksam umsetzen zu können.
- Um die Transparenz zu erhöhen, werden die Eintrittszeiten in den nächsten Level bei den Karten festgehalten. Damit kann man z.B. in der Kanban-Software Jira automatisch Durchlaufzeiten monitoren.
- Auch der Durchsatz ist eine sinnvolle Größe. Hier wird festgehalten, wie viele Aufgaben innerhalb einer bestimmten Zeit von einem Team durch eine Säule gemanagt werden.

Messgrößen sollten immer gemeinsam mit dem Team festgelegt werden. Das schafft Akzeptanz und erhöht die Motivation.

> Es werden immer der Prozess und der Output gemessen, nicht die Leistung des einzelnen Teammitglieds.

Exkurs: Ihr persönlicher Kanban

In ihrem Buch »Personal Kanban« aus dem Jahr 2011 beschreiben Jin Benson und Tonianna DeMaria Barry die Anwendung der Kanban-Methode als Selbstmanagement-Tool zur Steigerung der persönlichen Leistungsfähigkeit. Im Eigenversuch können wir bestätigen: Die Methode wirkt nicht nur in der Team-Arbeit, sondern auch, wenn Sie alleine arbeiten. Vor allem, wenn Sie viele unterschiedliche Tasks in unterschiedlichen Bereichen erledigen müssen, hilft Ihnen ein Kanban-Board, Überblick und Fokus zu behalten und kritische Bereiche rasch zu erkennen.

Voraussetzungen für die Anwendung

Alles, was Sie für Kanban benötigen, ist eine Tafel, ein Whiteboard oder eine leere Bürowand sowie bunte, beschreibbare Karten, die Sie auf der Tafel anheften und verschieben können. Oder Sie suchen eine für Sie und Ihr Team geeignete Kanban-Software.

Weiterführende Quellen

Benson, Jim, DeMaria Barry, Tonianne, Personal Kanban, 2011.

Brechner, Eric, Agile Project Management with Kanban (Developer Best Practices), 2015.

Caldwell, Greg, Kanban – How to Visualize Work and Maximize Efficiency and Output with Kanban, Lean Thinking, Scrum and Agile, 2020.

Leopold, Klaus, Kanban in der Praxis – Vom Teamfokus zur Wertschöpfung, 2016.

Nützliche Tipps zu Anwendung und Software: www.ionos.de/digitalguide/websites/web-entwicklung/kanban/

QuICk: der Quality Improvement Check

QuICk in Stichworten

Schneller Performance Indikator für die wirklich relevanten Qualitätsfaktoren. Liefert in wenigen Minuten Erkenntnisse, was Sie konkret tun können, um den Output zu verbessern.

Wofür ist QuICk geeignet?

QuICk setzt sich zusammen aus den Buchstaben der Wörter »**Qu**ality«, »**I**mprovement« und »**C**hec**k**«. Diese drei Begriffe sagen bereits aus, worum es geht:

- **Quality:** Konzentration auf die wenigen, wirklich wichtigen Qualitätsfaktoren, die den Unterschied zwischen Erfolg und Misserfolg ausmachen.
- **Improvement:** Ständige Verbesserung hilft mehr als reine Messung. Daher geht es darum, Maßnahmen zu vereinbaren, die die Qualitätsfaktoren stärken und weiterentwickeln.
- **Check:** Um Arbeitsfortschritte feststellen zu können, wird die allgemeine Leistung und Wirksamkeit der gesetzten Verbesserungsmaßnahmen überprüft. Diese Checks werden in kurzen Abständen einfach und schnell durchgeführt und dienen der Verbesserung der Qualität.

Wie funktioniert QuICk?

Sie brauchen für QuICk lediglich ein Flipchart, Stifte und ein Team, das bereit ist, offen Feedback zu geben.

Das Tool erklären wir hier anhand einer Strategieklausur, bei der es darum ging, eine wirksame und ansprechende, motivierende Kultur zu entwickeln.

Schritt 1: Vorbereiten des Charts, auf dem die Qualitätsfaktoren stehen

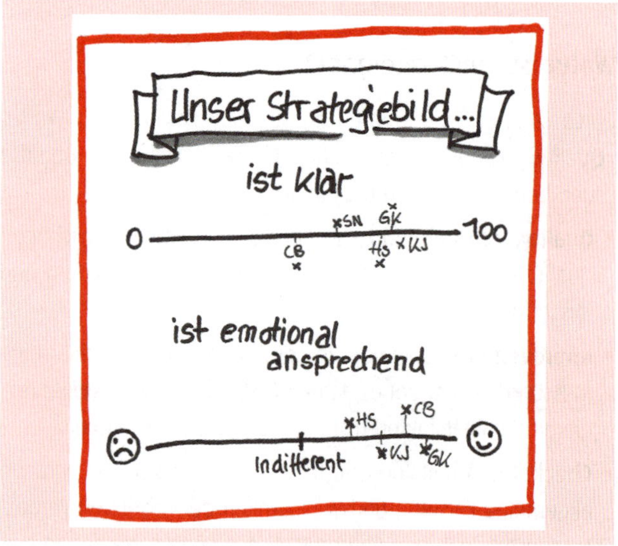

Wenn Sie die Qualitätsfaktoren, auf die es ankommt, schon kennen, geht es gleich zum nächsten Schritt weiter. Falls nicht, können Sie sie gemeinsam im Team mithilfe des agilen Handlungsleitbildes erarbeiten (siehe hierzu das gleichnamige Kapitel).

Im Strategie-Klausur-Beispiel gab es zwei einfache Beurteilungskriterien:

1. Wie klar ist das erarbeitete Strategiebild?
2. Wie emotional attraktiv ist das Strategiebild?

Schritt 2: Alle Teilnehmer beurteilen die Qualitätsfaktoren

Zur Bewertung schreiben die Teilnehmenden entsprechend ihrer Einschätzung ihre Initialen auf die Skala zwischen 0 % und 100 %. Für eine möglichst voneinander unbeeinflusste Bewertung hilft es, wenn alle vorab ihre Einschätzung für sich selbst vornehmen und dann parallel zueinander ihre Position rasch in die Skala übertragen.

Schritt 3: Analyse und Vereinbarung

Das Team analysiert gemeinsam das Ergebnis. Um zu konstruktiven und umsetzbaren Verbesserungsvorschlägen zu kommen, sollten Sie sich gemeinsam mit dem Team auf lösungsorientierte Fragen konzentrieren, die auf die Zunkunft zielen und nicht auf die Vergangenheit. Im Beispielsfall:

1. Wie können wir die Strategie umformulieren, um mehr Klarheit zu schaffen?
2. Was braucht es, um die Strategie attraktiver zu machen?

Aus den Antworten der Teilnehmenden formulieren Sie jeweils eine Maßnahme pro Fragestellung und legen die Umsetzungsmodalitäten fest.

Sprint Meetings

Sprint Meetings in Stichworten

Bessere Meeting-Ergebnisse in deutlich kürzerer Zeit durch strenge Zeiteinhaltung, kurze Loops und entwicklungsorientiertes Feedback mit sofortiger Umsetzung im nächsten Meeting.

Wofür sind Sprint Meetings geeignet?

Vor allem bei Themen, die für eine erfolgreiche Bearbeitung umfangreiches Expertenwissen benötigen, machen die meisten Teilnehmer folgende Erfahrung: Je mehr Personen an der Besprechung dazu teilnehmen, je umfangreicher die Historie ist, je ungewisser oder unplanbarer die zusätzlichen Faktoren sind, desto unproduktiver sind letztlich die Meetings.

In Sprint Meetings werden die Prinzipien der Sprints auf Meetings übertragen (siehe hierzu ausführlich das Kapitel »Scrum«). Wer diese auf Meetings anwendet, bleibt bei der Sache und kommt strukturiert und konzentriert ohne Verzetteln und Zerreden zu besseren Ergebnissen.

Wie funktionieren Sprint Meetings?

Die Meetings finden im Stehen statt. Bei einem Sprint Meeting gibt es nur drei bis vier runde Stehtische und einen Dokumentationstisch, der meist auch ein Stehtisch ist, sowie Flipcharts und Pinnwände für das gemeinsame Entwickeln von Themen und Lösungen.

Stehtische haben positive Wirkungen: Alle sind bei der Sache, denn wer auf einem Stehtisch sein Notebook oder Handy auspackt, um seine E-Mails zu checken, fällt mehr auf als in großen Sitzrunden. Zudem ist ein Wegdösen im Stehen kaum möglich. So lässt sich die Konzentration besser bündeln.

Die Rollen im Sprint Meeting

- **Moderator:** Wie in klassischen Meetings gibt es einen Moderator, der auf die ergebnisorientierte Durchführung des Meetings achtet. Er hat zudem die Aufgabe, zu erkennen, ob sich die Runde im Detail verliert, in einem Konflikt festhängt oder zu früh wertet, anstatt zunächst alle Informationen zu sammeln. Der Moderator ist am besten diejenige Person im Team, die vom aktuell besprochenen Thema am wenigsten betroffen ist. Pro anberaumtem Meeting kann die Moderatorenrolle daher auch häufiger wechseln, je nachdem, welcher Agendapunkt gerade im Fokus steht.

- **Zeitnehmer:** Wie im Scrum sollte auch bei Sprint Meetings das Timeboxing-Prinzip gelten: Ist die vorgegebene Zeit überschritten, endet die Unterhaltung, selbst wenn es scheint, dass man das Ergebnis in den nächsten fünf Minuten hat. Daher kommt dem Zeitnehmer in diesem Format eine besondere Rolle zu. Er unterstützt den Moderator, indem er auf die Einhaltung der festgelegten Zeiten achtet und dann unterbricht bzw. abbricht, wenn die vorgegebenen Zeit-Slots um sind.
- **Protokollführer:** Die Ergebnisse eines Sprint Meetings werden noch während der Meetingzeit via Notebook und Beamer von einem Protokollführer festgehalten. Niemand muss mehr aufwendige Protokollrunden drehen. Allerdings notiert der Protokollführer nicht alles, was gesagt wird, sondern nur die Zwischenergebnisse, die vom Team auch als solche anerkannt werden. Damit ist sichergestellt, dass es hinterher keine Unstimmigkeiten zu den Inhalten gibt. Und man spart sich auch die zeitintensiven Wiederholungen.
- **Die Teammitglieder:** Sie sind gemeinsam mit Moderator, Protokollführer und Zeitnehmer für das Ergebnis verantwortlich. Dieses Prinzip zieht sich durch alle agilen Methoden. Damit erreicht man eine Kultur der wechselseitigen Unterstützung. Wenn etwas schiefgeht, gibt es kein Fingerpointing, und Erfolge haben alle gemeinsam erreicht.

Der Ablauf

Die priorisierte Agenda

Meetings haben in der Regel drei Ziele:

- informieren,
- neue Lösungen oder Optionen entwickeln,
- entscheiden.

Häufig läuft es genau in dieser Reihenfolge: Zuerst werden aktuelle und relevante Informationen ausgetauscht. Dann werden gemeinsam die Möglichkeiten erarbeitet und analysiert und schließlich wird auf Basis der vereinbarten Kriterien entschieden. Es ist wichtig, dass die Agenda dieser Struktur folgt.

Ein Fehler, der vielen in puncto Agenda unterläuft, ist eine unrealistische Zeitplanung. Vor allem Entwicklungs-Meetings dauern sehr häufig länger als vorgesehen. Das führt zu Vertagungen, einseitigen Schnellschuss-Entscheidungen und meistens zu Frustration. Warum das so ist? Weil das Ergebnis bei solchen Besprechungen genauso wenig nach der klassischen Wasserfall-Methode planbar ist wie der Verlauf einer Softwareentwicklung. Es gibt schlichtweg zu viele Unbekannte.

Anders ist es bei Sprint Meetings: Hier steht die Zeitvorgabe über dem Ergebnis. Die Agenda wiederum ist eine Prioritätenliste, bei der die einzelnen Punkte bestenfalls Zeitschätzungen enthalten. Bei einem Management-Meeting, das nach der Sprint-Methode organisiert ist, wird also die Anzahl der Sprints vereinbart. Die Agendapunkte werden dann nach Priorität abgearbeitet.

Legen Sie nicht fest, worüber Sie sprechen wollen, sondern welches Ergebnis Sie benötigen.

BEISPIEL: ERGEBNISORIENTIERT FORMULIEREN

Statt »Diskussion der Optionen für die Produkteinführung« schreiben Sie: »Drei Varianten für die Produkteinführung sind definiert«.

Statt »Entscheidungsfindung« schreiben Sie besser: »Die Top-Kriterien für die Entscheidung sind vereinbart, die Varianten nach den Kriterien bewertet und die Entscheidung ist nach der kriterienorientierten Bewertung getroffen.«

Mit solchen Formulierungen unterstützen Sie Ihr Team, in den Meetings bei der Sache zu bleiben.

Timeboxing

Das Timeboxing ist für viele anfangs ungewöhnlich, denn der Zeitfaktor hat hier höhere Priorität als die Inhalte. Der Zeitrahmen ist unbedingt einzuhalten. Ist die Zeit um, werden die Inhalte in eine neue Timebox verschoben, auch wenn das Ergebnis noch nicht da ist. Es gibt keine Zeitverlängerung. Die Vorteile liegen auf der Hand: Endlose Diskussionen, die sich im Kreis drehen und viele wertvolle Stunden kosten, gehören mit Timeboxing der Vergangenheit an. Auch das Parkinsonsche Gesetz, nachdem sich Arbeit in dem Maße ausdehnt, wie Zeit für ihre Erledigung zur Verfügung steht, wird so außer Kraft gesetzt.

Sprints

Jeder Sprint dauert insgesamt eine vorgegebene Zeit, die auf die folgenden Elemente des Sprints aufgeteilt werden. Die besten Erfahrungen haben wir mit Sprintzeiten zwischen 25 und 35 Minuten gemacht. Bei der Beschreibung der folgenden Sprintelemente haben wir eine Sprintzeit von 30 Minuten angenommen. Die jeweiligen Zeitblöcke finden Sie in Klammern nach der Überschrift.

Die Sprintelemente

Das Sprintergebnis vereinbaren (3 Minuten)

Zu Beginn definiert das Team, was es in dem Sprint konkret erreichen will. Bei besonders komplexen Aufgabenstellungen könnte das z.B. die Struktur der Diskussionspakete sein. Nach dem Sprint steht fest, welche Ergebnisse in welcher Reihenfolge durch die Sprint Meetings erreicht werden.

Das angestrebte Sprintergebnis selbst steht entweder auf einem Flipchart oder als Titel dauerhaft sichtbar auf dem Dokumentationsschirm. Damit können nicht nur der Moderator, sondern alle im Team jederzeit überprüfen, ob der Dialog in die richtige Richtung geht.

Der Ergebnis-Dialog (20 Minuten)

Die Teilnehmenden erarbeiten nun gemeinsam das im ersten Schritt vereinbarte Ergebnis. Hier helfen drei Grundregeln, die in jedem Meeting sinnvoll sind und einen professionellen, lösungsorientierten Dialog sicherstellen:

1. Sammeln und Verstehen VOR Bewerten,
2. Gemeinsamkeiten VOR trennenden Inhalten,
3. Überblick VOR Detail.

Wer sich an diese Regeln hält, wird rascher vorankommen und sich weniger in Diskussionen verstricken. So kann man gegensätzliche Standpunkte besser verstehen und leichter auflösen.

Das konkrete Sprintergebnis wird festgehalten – und es wird vereinbart, wie das Team damit weiterarbeitet (2 Minuten)

Nach der vereinbarten Zeit – in diesem Fall nach 20 Minuten Dialog – hält das Team das konkrete Sprintergebnis fest und stellt das gemeinsame Verständnis sicher.

Nun kann es sein, dass Sie das angestrebte Endergebnis innerhalb eines Sprints noch nicht erreicht haben. Sie haben z.B. noch nicht die vereinbarte Anzahl an Varianten erarbeitet, die Grundlage für Entscheidungen ist noch nicht konsensfähig oder Sie sind noch nicht zu einer gemeinsamen Entscheidung gekommen. Dann gilt es, das Zwischenergebnis festzuhalten und zu vereinbaren, wie Sie weiter vorgehen möchten. Vielleicht wollen Sie gleich mit dem nächsten Sprint fortfahren oder die Anwesenden vereinbaren Aufgaben, die sie bis zum nächsten Sprint erledigen, um wieder ein paar Schritte weiter zu kommen. Gerade bei umfangreichen und komplexen Aufgabenstellungen sind die festgehaltenen Zwischenergebnisse wichtige Bausteine für das, was am Ende benötigt wird.

An der Stelle wichtig: Lassen Sie keine Nach-Diskussionen zu, sondern nur Verständnisfragen. Wer hier nicht aufpasst, riskiert eine Diskussion über die Diskussion, die lange dauert und meist wenig bringt. Das bedeutet aber nicht, dass Sie und Ihr Team darauf verzichten, ständig besser zu werden. Schlüsse aus Erfahrungen zu ziehen, ist wichtig. Damit die Reflexion darüber etwas bringt, gelten auch hier agile Prinzipien, wie der folgende Abschnitt zeigt.

QuICk: Der schnelle Check (3 Minuten)

Der Ergebnis-Dialog ist beendet, das Ergebnis dieses Sprints liegt vor. Nun geht es um einen schnellen Check, wo das Team steht. Wir verwenden hier eine einfache und schnelle Abfrage, basierend auf folgenden Kriterien:

- **E**rgebnis,
- **P**rozess,
- **I**nteraktion,
- **C**ommitment, kurz EPIC genannt.

Als Moderatorin oder Moderator haben Sie schon vorher ein Flipchart vorbereitet, auf dem drei Sätze stehen:

1. Ich bin mit dem Ergebnis zufrieden.
2. Ich bin mit dem Prozess zufrieden.
3. Ich bin mit der Interaktion zufrieden.

Unter jeden Satz zeichnen Sie eine Skala von 0 bis 100 %. Dann fordern Sie die Teilnehmer auf, ihre Initialen zu derjenigen Prozentzahl zu schreiben, die der eigenen Einschätzung entspricht.

So ergibt sich meist ein deutliches Bild, wie die Erfolgsfaktoren für ein Arbeitsmeeting von der Gruppe bewertet werden. Mit ein wenig Übung dauert das kaum länger als 1 Minute. Danach stellen Sie folgende Fragen.

- **Zum Ergebnis:** Was fehlt noch, damit wir gut weiterarbeiten können? Es kann sein, dass Sie hier wesentliche Hinweise für das nächste Sprint Meeting zu dem Thema erhalten.
- **Zum Prozess:** Vereinbaren Sie schnell und pragmatisch mit dem Team, worauf Sie beim nächsten Sprint Meeting achten wollen. Vorsicht! Vor allem ungeübte Teams erörtern hier gerne, *warum* die Bewertung so war, wie sie war. Das hilft we-

nig für die nächste Runde. Oder es werden zu viele Verbesserungsideen erarbeitet, was dazu führt, dass das Team damit überfordert ist, und deswegen beim nächsten Mal nichts davon umsetzt. Gehen Sie hier besser linear vor: Fragen Sie, was genau Sie das nächste Mal besser machen können. Und sorgen Sie dafür, dass diese – und nur diese – Frage beantwortet wird. Meist nennen hier alle etwas Ähnliches wie z. B.: mehr Fokus auf das Thema richten, schneller Priorisieren usw. Schreiben Sie diese Punkte auf das Chart und fahren Sie mit dem Feedback zur Interaktion fort.

- **Zur Interaktion:** Fragen Sie, worauf Sie als Team beim Umgang miteinander achten wollen. Es gelten die gleichen Regeln wie oben. Fragen Sie nicht nach den Gründen, fragen Sie: *Was* machen wir das nächste Mal besser? Hier kommen häufig Vorschläge wie z. B.: besser zuhören, ausreden lassen, ruhige Teilnehmende integrieren etc.

Mit ein wenig Übung benötigen Sie für den EPIC-Check nicht länger als 3 Minuten. Dafür erhalten Sie ein strukturiertes Feedback, das Ihnen Info darüber gibt, wo genau Sie mit dem Team und dem Fortschritt im Meeting stehen, und worauf Sie achten sollten, damit Sie als Team effizienter und stabiler werden.

Die Fokussierung auf nur einen Aspekt unterstützt das Team dabei, tatsächlich besser zu werden. Denn es ist sehr schwer, neben den wichtigen Inhalten auch auf den Prozess und die

Interaktion achten, außer man nimmt es sich konkret vor. Und das gelingt mit dieser Methodik.

Vereinbarung, wie es weitergeht (2 Minuten)

Dieser Teil fällt meist kürzer aus, wenn man in den Schritten zuvor ordentlich gearbeitet hat. Denn dann existiert bereits eine Vereinbarung, wie Sie mit den Ergebnissen weiter verfahren möchten. In diesem Step bietet es sich zudem an zu klären: Mit welchen Aktionen können Sie weitermachen, wenn Sie das Meeting-Ergebnis erreicht haben? Was muss das nächste Sprint-Ergebnis sein, damit Sie das Meeting-Ergebnis erreichen?

Voraussetzungen für die Anwendung

Es werden Stehtische, Notebook und Beamer, Flipchart und Pinnwand benötigt. Drei Rollen garantieren die erfolgreiche Durchführung des Meetings: Moderator, Zeitnehmer und Protokollführer.

Storytelling

Storytelling in Stichworten

Methode, um Wissen und Infos nachhaltig zu vermitteln. Gute Geschichten schaffen Begeisterung, Identifikation und sind ein gutes Marketinginstrument.

Wofür ist Storytelling geeignet?

Geschichten haben seit jeher eine starke Wirkung auf den Menschen. Die Geschichte der Geschichten reicht 200.000 Jahre zurück, sagen Ethnologen. Bereits unsere Vorfahren erzählten sich an den Lagerfeuern Storys. Damals dienten sie vor allem als Instrument, um Know-how von einer Person auf eine andere zu übertragen.

Wer gute Geschichten erzählt, also das Storytelling beherrscht, schafft es, Emotionen bei anderen zu wecken. Diese Emotionalisierung führt wiederum dazu, dass sich das Gehörte nachhaltig im Gedächtnis des Gegenübers verankert. Gute Geschichten erzeugen Bilder im Kopf, ein Kopfkino, das lange haften bleibt. Mittels Storytelling lassen sich zudem komplexe Inhalte einfach und vor allem nachhaltig vermitteln.

Auch in den Unternehmen hat man erkannt, wie gut Storytelling funktioniert. Es wird dazu eingesetzt, Werte und die Unternehmenskultur auf anschauliche Art und Weise darzustellen. Bei Change-Projekten gelingt es mittels guter Geschichten, Botschaften zu verankern und Ängste bei den Mitarbeitern zu reduzieren. Ebenso wird Storytelling eingesetzt in der Führung, im Branding, im Marketing, in Werbung, PR oder Unternehmenskommunikation sowie in Präsentationen und Vorträgen.

Wie funktioniert Storytelling?

Geschichten haben Macht. Sie wecken Sympathie, schaffen Identifikation, bleiben in Erinnerung. Auch Unternehmen haben das für sich erkannt. Sie erzählen Geschichten über ihre Produkte, ihre Mitarbeiter, ihre Kunden und über ihre Entstehungsgeschichte.

BEISPIEL: AIRBNB – DIE GRÜNDER ERZÄHLEN

Wir, die Gründer Joe, Nathan, Brian, hatten ein gemeinsames Apartment. Die Miete wurde angehoben. Wir konnten uns das Apartment nicht mehr leisten. Wir vermieteten ein Zimmer mit Luftmatratze und Frühstück. Das brachte uns auf die Idee für Airbnb.

Ein Grundmuster von guten Geschichten ist die Heldenreise. Sie begegnet uns in Filmen, in Märchen und in sehr vielen Büchern. Hier gibt es einen Helden, einen Konflikt und einen Sieg am Ende. Vor allem der Konflikt ist wichtig, denn ohne ihn könnten wir nicht mit dem Helden mitfiebern und mitleiden und uns damit nicht mit ihm identifizieren. Wenn der Held jedoch vor scheinbar unlösbaren Herausforderungen steht, fühlen wir mit ihm und möchten ihn auf seiner Reise begleiten, um zu sehen, ob er es am Ende schafft. Je nachdem, wie umfangreich die Geschichte ist, gibt es kleine Siege und dann wieder Rückschläge, bis der Held schlussendlich gewinnt.

Im Mittelpunkt einer Geschichte steht niemals ein Produkt, sondern immer ein Held.

Doch wie lässt sich dieser Plot auf den Unternehmenskontext übertragen? Natürlich kann nicht jede Info in ein spannendes Abenteuer umgestrickt werden. Einen Weg, um auch trockene Zahlen und Fakten in gute Geschichten, in Success-Storys, zu verpacken, bietet die STAR-Methode. Wir stellen sie hier anhand eines Beispiels dar.

Angenommen, Sie möchten die folgende Botschaft in Ihrem Unternehmen kommunizieren: »Das Projekt X konnte eine 20 %-ige Umsatzsteigerung für das Produkt Y erzielen und wurde in der Hälfte der Zeit abgeschlossen.« Dies ist eine sehr sachliche Aussage. Mit der STAR-Methode machen Sie daraus eine Geschichte, mit der Sie die Aufmerksamkeit Ihres Publikums gewinnen. STAR ist ein Akronym. S steht für Situation, T für Task, A für Action und R für Result.

- **S** wie Situation: Schildern Sie hier die Ausgangssituation, in etwa so: »Die Umsatzzahlen für das Produkt Y waren in den Keller gesunken. Der neue Geschäftsführer war kaum ein Jahr da und wollte vieles verbessern, unter anderem auch diese Zahlen.«
- **T** wie Task: Hier geht es um die Herausforderung, um die Aufgabe, die der Held meistern soll. »Ich wurde vom Geschäftsführer geholt und bekam die Aufgabe, das zu ändern. Hierbei sollte ich eine Projektgruppe, die Task Force XY, gründen und das Problem des Geschäftsführers am besten schon gestern lösen.«

- **A** wie Action: Hier tritt der Konflikt des Helden zutage. Das Problem ist nicht einfach zu lösen; der Held muss aus seiner Komfortzone treten und unbekannte Abenteuer bestehen. »Wie sollte ich diese Misere lösen? Es war nicht einfach, ein Projektteam zusammenzustellen, denn alle dafür in Betracht kommenden Kollegen waren bereits über die Maßen beschäftigt. Mit all meiner Überzeugungskraft gelang es mir trotzdem, meine Favoriten für meine Mission zu gewinnen. Ich schwor mein Team auf unser gemeinsames Ziel ein: Der Geschäftsführer sollte bei der nächsten jährlichen Sitzung glücklich sein. Wir setzten uns realistische Meilensteine und arbeiteten unter Volldampf ....«
- **R** wie Result: Hier geht es um die Darstellung des Ergebnisses, des guten Endes: »Wir haben harte Zeiten mit vielen Überstunden hinter uns. Trotz allen Stresses haben wir jedoch immer an das Ende geglaubt. Und so kam es auch! Das Ziel wurde übererfüllt. Wir konnten die Umsätze um 20 Prozent steigern und das sogar in der Hälfte der dafür vorgesehenen Zeit!«

Die Kunst des Geschichtenerzählens liegt darin, die Aufmerksamkeit des Zuhörers zu erhalten, um die eigentliche Message, in unserem Fall den Erfolg eines Projekts des Erzählers, am Schluss zu transportieren.

Voraussetzungen für die Anwendung

Grundkenntnisse über Dramaturgie und rhetorische Stilmittel, Fantasie und ein wenig Übung sind von Vorteil.

Weiterführende Quellen

Adamczyk, Gregor, Storytelling – Mit Geschichten überzeugen, 2018.

Campbell, Joseph, The Hero with a Thousand Faces (The Collected Works of Joseph Campbell, Band 17), 2008.

Persona

Persona in Stichworten

Sie möchten mehr über eine bestimmte Zielgruppe wissen und nachvollziehen können, wie sie denkt und sich verhält? Sie wollen wissen, wie Sie diese Zielgruppen am besten erreichen und ansprechen? Hier eignet sich das Persona-Konzept.

Wofür sind Personas geeignet?

Das Persona-Konzept (Persona bedeutet im Lateinischen Maske) kommt ursprünglich aus dem Marketing und hat in der verbraucher- und kundenorientierten Wirtschaft seinen festen Platz, weil es den typischen Kunden als reale Person mit all seinen Bedürfnissen, Vorlieben und Wünschen abbildet. Als Erster beschrieb Alan Cooper 1995 diese Methodik.

Eine Persona repräsentiert eine Kundengruppe. Wie reale Menschen auch, hat sie Ziele, Werte und Erwartungen sowie Bedürfnisse und Bedarf. Und sie zeigt ein bestimmtes Nutzungsverhalten. Das Ziel der Methode ist es, die potenziellen Nutzer eines Produkts möglichst umfassend abzubilden. Das Persona-Konzept macht sich dabei ein Denkprinzip unseres Gehirns zunutze: Um Energie zu sparen, teilt es Dinge, Verhalten und Menschen in einfache Ordnungs- und Klassifizierungssysteme ein. Von diesem Schubladendenken, auch stereotypes Denken genannt, profitiert die Persona-Technik.

Eine Persona ist eine fiktive Person, die für eine bestimmte Zielgruppe mit all ihren Bedürfnissen und Eigenschaften steht. Sie macht es den Beteiligten in einem Projekt einfacher, sich in die Zielgruppe hineinzuversetzen. Das können Kunden sein oder auch Bewerber oder Stakeholder eines Projekts. Die Persona-Methode eignet sich nicht nur für Marketing-Zwecke, sondern auch für das Recruiting. Mit ihrer Hilfe kann man sich in die Lage des idealen Bewerbers versetzen und verstehen, wie dieser »tickt«, um dann wiederum passende Recruiting-Strategien zu entwickeln.

Die Persona sollte möglichst detailliert ausgestaltet sein: Vorlieben, Hobbys und Bedürfnisse oder auch Verhalten und Einstellungen der Zielpersonen sollten spezifiziert werden. Je intensiver die jeweilige Zielperson durchdrungen wird, desto leichter fällt es später, passende Lösungen für sie zu entwickeln.

Wie funktioniert die Persona-Methode?

Um Personas zu entwickeln, eignet sich ein Persona Workshop. Anhand des folgenden Beispiels stellen wir dar, wie solch ein Meeting ablaufen kann. Es geht darin um eine neue Ausrichtung des Recruitings für ein Unternehmen, das künftig kandidatenorientiert stattfinden soll.

Set-up

Der Workshop wird mit zwölf Teilnehmern durchgeführt. Neben Vertretern aus HR werden Mitarbeiter und Manager der involvierten Fachabteilungen mit unterschiedlicher Betriebszugehörigkeit, New Hires, also Mitarbeiter, die ganz neu oder relativ kurz im Unternehmen sind, und Bachelor- oder Masterstudenten aus der gewünschten Zielgruppe eingeladen.

> Vertreter der Zielgruppe sollten, wenn möglich, auch anwesend sein.

Workshop-Leitfaden zur Gestaltung mehrerer Kandidaten-Personas

- **Step 1 – Pre-Workshop:** Bevor der eigentliche Persona Workshop losgeht, werden die Unternehmensbereiche identifiziert, in denen Stellen schwer zu besetzen sind. Alle zugänglichen Informationen werden gesammelt: Zahlen, Daten, Fakten zur Besetzung der Stellen wie Zeitraum, Anzahl der

Bewerbungen, interne Prozesse, Abbrecherquote etc., bisherige Kommunikation intern und mit den Kandidaten. So wird die bisherige Candidate Journey nachgezeichnet. Sie wird zum Qualitätscheck und zum Abgleich mit den Ergebnissen aus dem Persona Workshop und für die Weiterentwicklung der Candidate Journey benötigt.

Danach startet der eigentliche Persona Workshop mit einer kurzen Einführung über das Persona-Konzept. Es wird erläutert, wo es herkommt und was man damit erreichen kann.

- **Step 2 – Aufteilung in Berufsfelder mit gesuchten Wunschkandidaten:** Es wird herausgearbeitet, für welche Stellen und Wunschkandidaten Personas im Workshop entwickelt werden sollen. Beispiele: 1. Ein/e Elektriker/in für die Fertigung – Ausbildung zum Elektriker. 2. Ein/e Informationstechniker/in für die IT – Studium der Informatik. 3. Ein/e Gleisbauingenieur/in – Studium Maschinenbau, Mechatronik.
- **Step 3 – Aufteilung in Gruppen:** Hier werden die Teilnehmenden je nach gewünschter Anzahl der Personas in entsprechende Gruppen aufgeteilt. Wenn drei Personas erstellt werden sollen, gibt es drei Gruppen mit jeweils maximal vier Teilnehmenden. Wichtig ist, dass sie mit Teilnehmern aus unterschiedlichen Bereichen und mit unterschiedlicher Betriebszugehörigkeit besetzt sind, sodass eine gute Mischung von Alter, Wissen, Unvoreingenommenheit und Einstellung zum Thema vorliegt.
- **Step 4 – Informationen sammeln:** Hier geht es darum, möglichst viele Fakten zur Zielperson zu sammeln.

Informationsquellen (Beispiele)
Alte Stellenanzeigen und Job- sowie Anforderungsprofile
Online-Recherche in Artikeln, Foren, Social Media etc.
Informationen aus dem Familien-, Freundes und Bekanntenkreis
Hypothesen z. B. durch Aussagen von Zeugen
Interviews der Teilnehmer
Interviews mit neu eingestellten Kandidaten oder Interviews mit Bewerbern je nach Zeitplan

Vor allem alte Kandidaten-Profile erweisen sich oft als Goldgrube für die Erstellung von Personas. Sie regen zu neuen Ideen an.

- **Step 5 – Persona entwerfen:** Im nächsten Schritt wird die Persona ausformuliert und visualisiert, z. B. mit Bildern aus Zeitschriften oder mithilfe von Zeichnungen, um diese so reell wie möglich abzubilden. Folgende Fakten schaffen ein umfassendes Bild zur Persona.

Persönliches
Gewünschtes Alter
Familienstand: Single, in einer Beziehung oder Familie mit Kindern? Das kann wichtig sein, wenn Reisebereitschaft gefragt ist oder für den Job ein Umzug notwendig ist. Auch in Bezug auf den Firmenstandort kann das wichtig sein: Ein Single will eher etwas erleben und bevorzugt in der Regel die Großstadt. Hat der Bewerber eine Familie, soll es vielleicht eher eine ländliche Umgebung sein.
Wohnort: Schnuppert der Bewerber lieber Stadtluft oder liebt er die Natur und zieht es ihn aufs Land?
Hobbys und private Interessen: Wo ist der Kandidat in seiner Freizeit anzutreffen? Was mag und liebt er?

Skills

Hard Skills

Welche Qualifikation muss bzw. soll der Kandidat haben? Hier geht es um die Mindest- und Wunschanforderungen. Welche Abschlüsse bringt der Bewerber mit? Legt er Wert darauf, sich nebenberuflich weiterzubilden? Ist er Quereinsteiger ohne fachliche Ausbildung, aber mit Interesse an Fortbildungen im Job?

Berufspraxis: Berufsanfänger oder alter Hase? Falls er bereits berufstätig ist, in welcher Position arbeitet der Kandidat: Ist er Angestellter ohne Führungsverantwortung? Leitender Angestellter? etc.

Soft Skills

Welche Kompetenzen soll der Kandidat neben den fachlichen Skills mitbringen? Beispiele: Teamfähigkeit, Durchsetzungsstärke, Kommunikations- und Konfliktlösungskompetenzen.

Berufliche Perspektive

Ziele: Welche Ziele verfolgt der Kandidat im Berufsleben?

Anforderungen an die Stelle: Warum will der Kandidat diesen Job? Welche Gründe hat er für die Jobsuche bzw. den Jobwechsel? Befindet er sich aktiv auf Jobsuche, würde er einem Wechsel offen gegenüberstehen oder bräuchte es Vorlaufzeit, um ihn für eine Tätigkeit im Unternehmen zu begeistern? Welche Bedenken könnte er gegenüber einem Jobwechsel hegen? Müssen wir uns aktiv auf die Suche nach passenden Bewerbern machen oder erreichen wir ihn mit einem Inserat? Wie muss das Stelleninserat gestaltet werden? Welche Informationen sucht der ideale Bewerber auf unserer Karriereseite? Auf welchen Kanälen erreiche ich meinen Idealkandidaten – online und offline? Warum ist die Stelle attraktiv für die Persona? Wie können Sie die Stelle an diese Persona verkaufen?

Berufliche Perspektive
Vorlieben und Abneigungen: Was mag der Kandidat besonders? Was wäre ein typischer Satz von ihm? Was mag der Kandidat gar nicht? Was wäre ein typischer Satz hierzu? Was könnte ihn daran hindern, die Stelle anzunehmen?
Kulturelle Anforderungen: Was ist das »Wofür« für diese Persona? Wie will diese Persona arbeiten? Wie sollte die Kultur gestaltet sein?

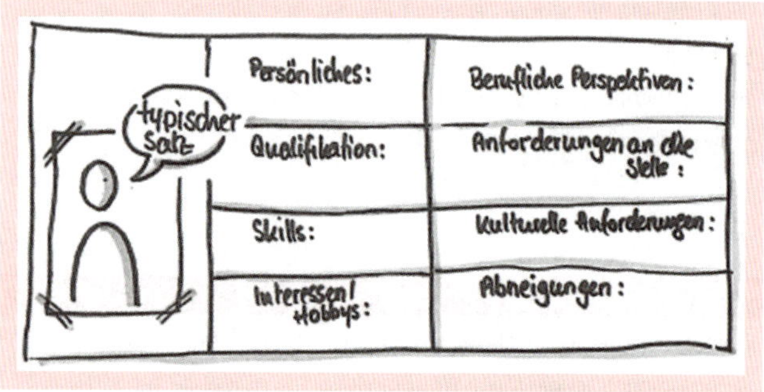

Ein Persona Canvas Template kann wie folgt aussehen:

Die Gruppen kreieren anhand dieser Informationen ihre Zielpersona und visualisieren diese auf einer großen Metaplanwand als Zeichnung (siehe Abbildung).

Die Erwartungen der drei definierten Personas bilden nun die Blaupause für die neuen Candidate Journeys sowie für die neue Recruiting-Strategie. Das Unternehmen kann dank der Persona nun all das berücksichtigen, was der Zielperson während des Recruiting-Prozesses wichtig ist. Dieser beginnt mit der ersten Kontaktphase und endet mit dem Onboarding. Alle Berühungspunkte, die der Bewerber während seiner Bewerber Reise mit dem Unternehmen hat, können so auf den Prüfstand gestellt und bei Bedarf optimiert werden. Dies zahlt auf die Arbeitgeberattraktivität ein.

- **Step 6 – der Pitch (optional):** Am Ende des Workshops können die Gruppen ihre Zielpersonas und deren Geschichte in einem Pitch vor allen Workshop-Teilnehmenden präsentieren und sich Feedback dazu holen.

Voraussetzungen für die Anwendung

Es wird ein Raum mit ausreichend Platz benötigt, um die Canvas, auf welchen sich die Persona-Templates mit den verschiedenen Fragestellungen befinden, ausgedruckt an die Wand zu hängen. Es sollten zudem verschiedenfarbige Edding-Stifte und ggf. auch dicke Wachsmalblöcke zum Ausmalen von Flächen bereitgelegt werden. Jede Gruppe erhält eine Metaplanwand, auf der sie ihre Persona visualisieren kann. Benötigt werden zur Recherche Laptop oder iPad mit Internet-Zugang und ein Stapel Zeitschriften, die zur Anregung für die Visualisierung dienen können. Ebenso bieten sich alte oder aktuelle Stellenanzeigen und Anforderungsprofile an, falls vorhanden. Moderationskenntnisse sind von Vorteil.

Weiterführende Quellen

Häusel, Hans-Georg, Henzler, Harald, Buyer Personas – Wie man seine Zielgruppen erkennt und begeistert, 2018.

Kerguenne, Annie, Schaefer, Hedi, Taherivand, Abraham, Design Thinking – Die agile Innovationsstrategie, 2017.

Das agile Handlungsleitbild

Das agile Handlungsleitbild in Stichworten

Starre Wertekodizes, die nicht gelebt werden, waren gestern. Besser sind verhaltensorientierte Handlungsleitbilder. Sie helfen dabei, eine förderliche Unternehmenskultur zu schaffen, zu implementieren und bei Bedarf auch schnell anzupassen.

Wofür ist das agile Handlungsleitbild geeignet?

Eine Kultur ist nur dann wahrnehmbar, wenn sie sich auch in Handlungen und nicht nur in Annahmen ausdrückt. Erst durch das Tun wird eine Kultur wirksam (vgl. Robert Dilts/Gregory Bateson). Dem trägt das agile Handlungsleitbild Rechnung. Es ist ein ausschließlich auf Verhalten ausgerichtetes Leitbild. Statt abstrakten Werten und Haltungen (wie Vertrauen, Teamgeist, Kooperation etc.) werden gemeinsam jene Verhaltensmuster definiert, die Unternehmen, Organisationen und Teams am besten dabei helfen, konkrete Ergebnisse zu liefern.

Sie kennen sicher die typischen Kultur-Leitbilder: »Wir vertrauen einander«, »Wir sind kundenorientiert«, »Wir sind nachhaltig«, »Gemeinsam sind wir stark« usw. Bei Wertediskussionen und der Erstellung von entsprechenden Leitbildern teilen sich die Meinungen häufig: Die, die mitdiskutiert haben, erkennen die Inhalte, auf die es ankommt, wieder und finden sie gut. Doch diejenigen, die nicht in den Diskussionsprozess oder Dialog eingebunden waren, sind meist nur wenig begeistert. Denn das, was da steht, ist sehr häufig nicht besonders innovativ. Wer sich die Mühe macht, die Leitbilder anderer Unternehmen zu lesen, findet meist wenig Unterschiede zum eigenen Leitbild. Jeder ist kundenorientiert, jeder ist nachhaltig und stark ist jeder nur gemeinsam.

Die typische Schwachstelle dieser Leitbilder liegt nicht im Inhalt an sich. Natürlich ist es gut, wenn sich alle vertrauen, und auch Kundenorientierung und Nachhaltigkeit schaden nicht. Aber all dies lässt sich nicht per Dekret einfordern. Das gleiche gilt für den Claim »Gemeinsam sind wir stark«. Schön, nur wie genau? Was bedeutet das? Keiner liest die oft umfangreichen Erläuterungstexte. Und wenn sich ein Unternehmen einmal die Mühe gemacht hat, ein Leitbild zu erstellen, muss das dann schon mal ein paar Jahre halten. Doch ob die Werte dann noch passen? Mit einer agilen Entwicklung hat das dann nichts mehr zu tun. Und so ist die Wirkung herkömmlicher Leitbilder häufig überschaubar.

Mit einem agilen Handlungsleitbild können Sie genau diese Schwächen kompensieren. Diese Methode erlaubt rasch eine einfache Ausrichtung, die auf konkretem und beschriebenem Tun aufsetzt und somit beobachtbar und sogar messbar wird. In knapp drei Stunden können Sie damit auch mit großen Teams Ihr eigenes agiles Handlungsleitbild erstellen, das auf den tatsächlichen Bedarf einer Organisation ausgerichtet ist.

Wie funktioniert die Methode?

Im agilen Handlungsleitbild werden nicht Werte oder abstrakte übergeordnete Claims formuliert. Hier werden ganz konkret jene Verhaltensweisen beschrieben, auf die es im Team ankommt: das Tun, das den Unterschied zwischen Erfolg und Misserfolg macht. Das geht nur gemeinsam im Team. Das agile Handlungsleitbild wird also von denen formuliert, die es danach auch »leben«. Am besten funktioniert das in einem Team-Workshop.

Step 1: Erfolgsrelevantes Verhalten beschreiben

Stellen Sie zu Beginn des Workshops sicher, dass allen klar ist, was mit »Verhalten« gemeint ist, nämlich: konkretes, beschreibbares Handeln. Erklären Sie es anhand von Beispielen.

BEISPIEL: ZUVERLÄSSIGKEIT

Was *tun* Menschen, die zuverlässig sind? Wie verhalten sie sich?

Sie halten Wort. Sie sind da, wenn sie gesagt haben, dass sie da sind. Dies kann man berufsbezogen in folgende Sätze fassen: »... liefert Leistungen in der vereinbarten Qualität zum vereinbarten Zeitpunkt.«, »... informiert zeitnah, wenn es zu Abweichungen von den Vereinbarungen kommt.«

Wenn Sie die Beispielsätze lesen, fällt Ihnen sicher auf, dass es keine vollständigen Sätze sind. Das spielt aber keine Rolle. Es kommt allein darauf an, ein beobachtbares und dadurch messbares Tun zu beschreiben. Solche Tun-Sätze enthalten keine Werte, Bewertungen oder unklare Formulierungen.

Üben Sie zu Beginn mit dem ganzen Team das Formulieren von erfolgreichem Tun. Das funktioniert am besten mit folgender Formel: Tut + Was + Wie + Wozu

BEISPIEL:

Liefert (Tut) Leistungen (Was) in der vereinbarten Qualität und Zeit (Wie), damit er seinen Vertrag erfüllt (Wozu).

Der Start mit dem Verb ist entscheidend, um tatsächlich konkrete Handlungen zu beschreiben.

Hier noch ein paar weitere typische Tun-Formulierungen, die bei von uns moderierten Workshops häufig vorkommen:

- ... bringt von sich aus Verbesserungsvorschläge.
- ... fragt von sich aus, ob Unterstützung benötigt wird.
- ... dokumentiert so, dass auch ohne Erklärung klar ist, worum und wie es geht.
- ... begrüßt freundlich und bietet Hilfe an.
- ... bringt begonnene Arbeiten zu Ende.
- ... sorgt dafür, dass andere alles haben, was sie für ihre Arbeit benötigen.

Step 2: Der Max-Mix bei der Formulierung von Erfolgsverhalten

Sobald das Team verstanden hat, worauf es bei den Formulierungen ankommt, beginnt die Erarbeitung der Erfolgsverhalten.

1. Zuerst formulieren alle Teilnehmenden die Beschreibungen, die aus ihrer Sicht wichtig sind. Dazu geben wir ihnen 10 bis maximal 20 Minuten Zeit. Das hilft, bei der Sache zu bleiben.
2. Danach folgt die erste Austauschrunde in kleineren Gruppen von 2 bis 3 Personen. Der Auftrag in dieser Runde: Abgleich, Verstehen der jeweiligen Erfolgsfaktoren und überprüfen, ob diese die erwünschten Wirkungen zeigen. Natürlich können auch weitere ergänzt werden. Dafür geben wir den Teilnehmenden 30 Minuten Zeit, damit auch eine Diskussion möglich ist.
3. Die dritte Runde startet mit dem gleichen Auftrag wie die zweite, nur die Gruppenzusammensetzung wechselt. Es werden nun Teams mit 4 bis 6 Personen gebildet. Meist kommt hier nicht mehr viel Neues hinzu, aber durch die weitere Diskussion mit anderen Partnern schärft sich das Bild. Zusätzlich sind diesmal mehr Personen an der gleichen Diskussion beteiligt, was die Akzeptanz und das Verständnis unterstützt. Auch dafür räumen wir 30 bis 40 Minuten Zeit ein.
4. Weitere 15 Minuten werden auf das individuelle Reflektieren verwendet. Für sich alleine sollen die Teilnehmenden nun überlegen, welche Auswirkungen es im eigenen Verantwortungsbereich hat, wenn sich jeder an diesen Prinzipien orientiert.

Step 3: Zusammenführen der Ergebnisse

Nach den Runden treffen sich alle im Plenum wieder. Der Moderator beginnt mit der Aufnahme der Ergebnisse. Je nach Zeitintervallen braucht man dafür eineinhalb bis zwei Stunden.

Es werden die Ergebnisse der Gruppen aus der dritten Runde (siehe oben) abgefragt. Eine der Gruppen beginnt mit dem knappen Vorstellen ihrer Ergebnisse. Der Moderator hält diese gleich fest, am besten über Beamer und Notebook. Wir empfehlen Excel, denn damit ist die nachfolgende Reihung der Ergebnisse am leichtesten.

Sobald ein Erfolgsfaktor benannt wurde, überprüft die gesamte Gruppe noch schnell, ob es sich um ein beschreibbares Verhalten handelt und ergänzt gegebenenfalls. Ähnliche Beiträge werden klar voneinander abgegrenzt.

Wenn alle Verhaltensbeschreibungen gesammelt wurden, kann der Moderator gemeinsam mit dem Team nochmals die Ergebnisse in typische Wertbeiträge clustern. Sie sehen in der Tabelle eine Sammlung von Erfolgsfaktoren, die jeweils den folgenden drei Werten zugeordnet wurden: Ziel- und Ergebnisorientierung, Teamorientierung und Dynamik und Entwicklung.

Erfolgsfaktoren	
Ziel- und Ergebnisorientierung	**Wert**
sorgt bei gemeinsamen Projekten/Aufgaben dafür, dass Ziele definiert und vereinbart sind.	
setzt Meilensteine, um die Zielerreichung zu überprüfen bzw. zu korrigieren.	

Erfolgsfaktoren	
setzt festgelegte Maßnahmen in der vereinbarten Zeit um.	
sagt bei Abweichungen, was zu tun ist.	
Teamorientierung	**Wert**
fragt, wenn es Probleme gibt, wie er helfen kann.	
gibt direkte und beschreibende und damit nachvollziehbare Rückmeldung, wenn es Störungen gibt.	
sagt, wenn es Differenzen gibt, wer was ändern soll.	
setzt sich mit demotivierten Mitarbeitern auseinander und fragt sie, was sie brauchen, um wieder motiviert leisten zu können.	
liefert die Ergebnisse, für die er verantwortlich ist.	
Dynamik und Entwicklung	**Wert**
entwickelt bestehende Verfahren weiter.	
fordert bei Missständen Veränderungen ein und bringt dazu Lösungsvorschläge.	
misst sich am Wettbewerb anhand von konkreten Zahlen/Ergebnissen.	
passt sich an geänderte Rahmenbedingungen proaktiv und zeitnah an.	
fordert regelmäßig Innovationen von Mitarbeitern ein.	

Step 4: Bewertung und Vereinbarung

Am Ende des Workshops erhält jeder der Teilnehmer Klebepunkte, um die wichtigsten Verhaltensitems priorisieren zu können. Bei bis zu 10 Teilnehmern gibt es 4 Punkte, ab 11 Teilnehmern nur noch 3 Punkte. Warum so wenig? Weil es darum geht, nur die vier bis maximal fünf am meisten priorisierten Erfolgsfaktoren in die erste Vereinbarung aufzunehmen. Wenn es mehr sind, geraten die Leitsätze eher in Vergessenheit und aus dem Fokus.

Wenn es Cluster gibt (siehe Tabelle oben), kann man auch vereinbaren, nur die jeweils erstgereihten Verhaltensweisen pro Cluster aufzunehmen.

Das agile Handlungsleitbild kann auch in großen Gruppen, z. B. im Rahmen eines Strategie- oder Mitarbeitertags erstellt werden. 100 und mehr Personen sind kein Problem. Es braucht dann nur etwas mehr Unterstützung in der Moderation. Die Bewertung der Leitsätze geht auch in Groß-Gruppen mittlerweile sehr schnell; es gibt jede Menge gratis Polling-Tools, die dafür eingesetzt werden können. Aber auch die guten alten Punkte funktionieren, wenn man etwas mehr Bewegung im Plenum haben will.

Step 5: Umsetzung und Fortführung

Damit das agile Handlungsleitbild nicht irgendwann nur noch ein weiteres Papier in der Schublade oder ein Dokument im Intranet ist, braucht es Umsetzung. Diese ist denkbar einfach. Führungskräfte sind angehalten, einmal in der Woche ein schnelles Stimmungsbild dazu in ihren Teams abzufragen.

Wenn Sie bereits Befragungs- oder Pollingtools wie SurveyMonkey® oder Polly (MS Teams) in Ihrem Repertoire haben, geht das natürlich auch elektronisch.

Nach der Befragung werden die Ergebnisse kurz im Team, am besten in Stand-up-Meetings, besprochen. Sie vereinbaren darin, wie Sie gemeinsam jene Bereiche stärken können, die derzeit noch schlechter bewertet werden. Diese Stand-ups dauern nur wenige Minuten. Wenn sie häufig und in kurzen Zeitabständen stattfinden, stellen Sie sicher, dass die Erfolgsfaktoren mittelfristig stabil verankert werden.

Wenn einer der Erfolgsfaktoren bereits nach mehreren Wiederholungen stabil im positiven Stärkenbereich ist, nehmen Sie den nächstpriorisierten Leitsatz in den Fokus, den Sie wiederum gemeinsam mit Ihrem Team verankern. So können Sie agil und schlank Ihre Leistungs- und Kooperationskultur entwickeln.

Die Stärken des agilen Handlungsleitbildes im Überblick

- Einbindung aller Betroffenen ist möglich.
- Es ist rasch erstellt.
- Die Reduktion auf wenige Items unterstützt bei der Implementierung.
- Da es keine Werte, sondern konkretes Tun beschreibt, gibt es bei der Fortschrittsanalyse keine Diskussionen.

Voraussetzungen für die Anwendung

Es sind keine Hilfsmittel erforderlich. Allerdings sollte die Bereitschaft vorhanden sein, möglichst alle betroffenen Personen in den Austausch einzubinden. Bei mehr als 20 Personen empfehlen wir, unterstützende Moderatoren einzusetzen. Zudem können Polling-Tools hilfreich sein bei der Priorisierung der Leitsätze.

Weiterführende Quellen

Glahn, Richard, Erfolg gestalten – So entwickeln Führungskräfte und Mitarbeiter gemeinsam die Unternehmenskultur, 2017.

Klaußner, Stefan, Partizipative Leitbildentwicklung – Grundlagen, Prozesse und Methoden, 2016.

Drei Top-Beispiele für Unternehmenskultur: www.abendblatt.de/ratgeber/wissen/article207474345/Preisgekroent-Drei-Beispiele-fuer-Unternehmenskultur-heute.html

LEGO® Serious Play

LEGO® Serious Play in Stichworten

Agile und schnelle Methode, um die Kreativität zu fördern und höchstes Commitment der Teilnehmer zu erreichen. Geeignet für die Entwicklung von neuen Ideen, Werten, Visionen, Innovationen, für das Teambuilding und das Coaching. Erlebnisorientierter, spielerischer Ansatz, der Kopf, Herz und Hand verbindet. Bezieht alle Teilnehmenden zu 100 Prozent ein. Gute Kombinationsmöglichkeit mit anderen agilen Methoden wie z. B. Business Model Canvas.

Wofür ist LEGO® Serious Play geeignet?

LEGO® Serious Play, kurz: LSP, bringt das kreative Spielen und Bauen mit Lego-Steinen in die Arbeitswelt. Es wurde 1996 von LEGO® entwickelt und hat sich mittlerweile in unzähligen Workshops bewährt, in denen es darum geht, gemeinsam Neues zu entwickeln und dabei schneller zu besseren Ergebnissen zu kommen. Bei LSP bauen die Teilnehmer mithilfe von Lego-Steinen entweder alleine oder in einer kleinen Gruppe Antworten auf Fragestellungen. Durch das Spiel mit den Steinen wird die Kreativität der Anwesenden angeregt und es fällt ihnen leichter, ihre Ideen und Sichtweisen zu kommunizieren.

Oft laufen Meetings nach dem 80-20-Prinzip ab: 20 Prozent der Teilnehmer beanspruchen 80 Prozent der Zeit. Die restlichen 80 Prozent nehmen nicht am Prozess teil. LSP schafft dagegen 100 Prozent Begeisterung und Beteiligung. Wenn jeder mitmacht, ergeben sich drei Vorteile: Die Beteiligten teilen ihre Einsichten, entwickeln Vertrauen zueinander und am Ende steht das Commitment der ganzen Gruppe. Dabei erschließen sie sich implizites Wissen, das jeder in sich trägt und das sehr wichtig für den Prozess ist. Alle Ideen und kreativen Hinweise werden geteilt.

Das Prozedere ist simpel: Ein zertifizierter LEGO® Serious Play Facilitator konzipiert den Workshop ausgerichtet auf das Ziel des Kunden. Als Moderator leitet er die Teilnehmer durch den Prozess. Diese lernen, wie sie ihre Ideen, Sichtweisen und Gedanken mit ihren Lego-Modellen zum Ausdruck bringen können. Der Moderator stellt Aufgaben und Fragen, zu denen die Teilnehmer ihre Antworten bauen. Im Anschluss erklärt jeder sein Modell und beantwortet eventuell aufkommende Verständnisfragen. Dieser Prozess beginnt immer wieder aufs Neue. So ist es möglich, in kurzer Zeit viele unterschiedliche

Perspektiven zu entwickeln und diese Sichtweisen im weiteren Prozess miteinzubeziehen.

Am Ende stehen dreidimensionale Modelle im Raum und alles, was dazu besprochen und diskutiert wurde, wird im weiteren Verlauf berücksichtigt. Die Teilnehmer bauen auf den Ideen der anderen auf und verbinden ihre Ergebnisse anschließend zu einem gemeinsamen Modell oder Zielbild. Das erhöht die Motivation und stärkt die Partizipation der Teilnehmer.

Mit LEGO® Serious Play lassen sich gemeinsame Zielbilder, Visionen, Organisationssysteme, Innovationen, Teamwerte, Feedbackkulturen und vieles mehr in wenigen Stunden erarbeiten, visualisieren und greifbar machen. Das spart Zeit und Kosten. Ideal sind acht bis zwölf Teilnehmer pro Facilitator. Die Methodik lässt sich je nach Fragestellung auch für Großgruppenveranstaltungen einsetzen. Grenzen gibt es jedoch in logistischer Hinsicht: Schon für einen Workshop mit zwölf Personen benötigt man bereits 10.000 Lego-Steine.

Wir setzen diese agile Methode bei Beratungsprojekten mit Kunden ein, um anhand von Systemmodellen Szenarien abzubilden und neue Strategien zu bauen. Wir haben damit mehrfach Strategie-Workshops durchgeführt, um neue Unternehmens- oder Bereichsstrategien zu entwickeln. Im Managementbereich kann LSP dabei helfen, Teammeetings zu optimieren, Zielbilder für neue Prozesse zu erstellen oder Organisationsentwicklungen anzustoßen. Wir haben auch schon neue Führungs- und Management-Kompetenzen mit LSP gebaut.

LSP verbindet Kopf, Herz und Hand und geht somit weg von rein kognitiven Workshops hin zu einem erlebnisorientierten, spielerischen Ansatz, der gut geeignet ist, die Kreativität der Gruppe zu heben. LEGO® Serious Play nutzt gezielt die Erkenntnis aus der Psychologie, dass spielerische Methoden mit haptischer Herangehensweise dazu beitragen, Verborgenes an die Oberfläche zu bringen und so den Kern von Problemen und Lösungen besser wahrzunehmen. Damit werden viel schneller Ideen produziert als in klassischen Workshops. Agil eben. Es gibt weniger Widerstand, dafür mehr Begeisterung und mehr Commitment.

Wie funktioniert LEGO® Serious Play?

Im Folgenden erläutern wir die Technik des LSP anhand eines Beispiels, in dem es um das »Bauen« einer neuen HR-Vision geht. In solchen Projekten ist es sinnvoll, die Gruppe bunt zu mischen. So sind bei dem hier dargestellen »HR 2025«-Projekt etwa Werkstudentinnen ebenso mit dabei wie die HR-Leitung und die Personalsachbearbeiter und auch abteilungsfremde Fach- und Führungskräfte. Ein zertifizierter LEGO-Facilitator unterstützt die Gruppe im Workshop und leitet sie an.

Set-up

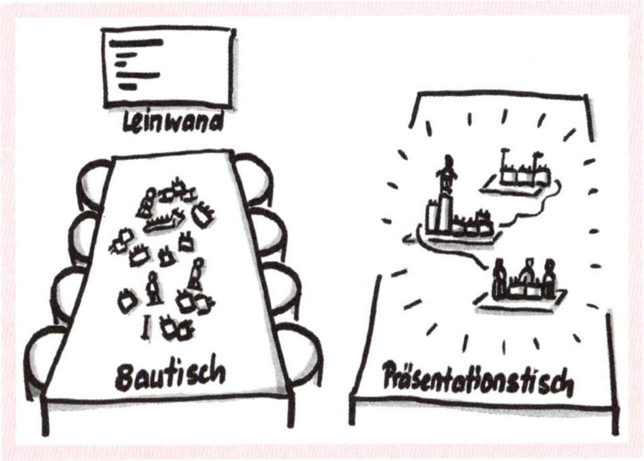

Für einen LSP-Workshop mit zwölf Teilnehmenden wird ein Raum mit einem großen Bautisch und Stühlen sowie einem Präsentationstisch, um den sich alle gut herumstellen können, benötigt. Das Lego-Buffet, auf dem alle Lego Sets »angerichtet« sind, die im Lauf des Workshops benötigt werden, sollte auf einem ausreichend großen Tisch an der Seite des Raums stehen. Zudem ist ein Beamer mit Leinwand erforderlich, sodass die Teilnehmer die Anweisungen und Fragestellungen auf PowerPoint-Folien die ganze Zeit über gut sehen können. Unterstützend beim Bauen wirkt auch Hintergrundmusik. Für zwölf Teilnehmer sollten vier Lego-Sets und ein Lego® Serious Play Facilitator zur Verfügung stehen. Ab 13 Teilnehmer sind zwei Moderatoren nötig.

Am Bautisch geht es los. Hier sitzen die Teilnehmer, während ihnen die Methodik vermittelt wird, und hier bauen sie anschließend ihre Modelle. Es sollten genügend Steine in der Mitte des Tisches liegen, sodass sich jeder gut bedienen kann.

Nach der Bauphase werden die Modelle am Präsentationstisch vorgestellt. Dabei erzählt jeder seine Geschichte zum Modell. Die 3D-Darstellung sorgt dafür, dass die Geschichten bei den Teilnehmern sehr gut haften bleiben. Der Ortswechsel vom Bau- zum Präsentationstisch hilft, die Phase des kreativen Bauens von der Präsentationsphase zu trennen. Das gemeinsame Modell aller Teilnehmer, in unserem Beispiel: die Vision oder das Zielbild, entsteht dann am Präsentationstisch aus den einzelnen Modellen.

Step 1: Jump-in – Enten bauen

Als Erstes erhalten die Teilnehmer ein Set mit sechs Lego-Steinen und die Aufforderung, innerhalb einer Minute daraus eine Ente zu bauen. Wir geben folgende wichtige Anweisung dazu: »Es ist egal, wie die Ente am Ende aussieht. Hauptsache, sie stellt eine Ente für denjenigen dar, der sie gebaut hat. Es gibt kein offizielles Entenmodell.«

Musik begleitet die Teilnehmer. Nach einer Minute werden alle aufgefordert, ihre Enten in die Mitte zu halten und sie den anderen zu zeigen. Wir fragen interessiert nach: »Was sehen Sie jetzt?« Dann geben wir den Teilnehmern Raum, ihre Wahrnehmungen zu schildern. Obwohl es nur sechs Steine zum Verbauen gab, ähnelt keine Ente der anderen. Jeder hat eine ganz individuelle Ente vor sich. Jeder hat seine einzigartige Perspektive auf die Dinge. Das ist oft eine Schlüsselerkenntnis schon zu Beginn der LSP-Workshops.

Wir weisen darauf hin, dass LSP die Sichtweise einer jeden Person an den Tag bringt, und zwar innerhalb kürzester Zeit. Eine Frage, sechs Steine und viele verschiedene Antworten darauf in nur einer Minute – die Teilnehmer erkennen, dass LSP sehr schnell funktioniert.

Step 2: Kurze Erläuterung zu LSP

Wir erläutern die Systematik von LSP, damit die Teilnehmer sie gut verstehen. Hier weisen wir vor allem auf das 80-20-Prinzip hin, das in klassischen Meetings oft herrscht, wenn es um Beteiligung geht. Wir schildern, dass das bei LEGO® Serious Play anders ist. Hier beteiligen sich alle, bringen sich alle ein.

Das Ziel des LSP-Workshops in unserem Fallbeispiel besteht darin, die künftige Rolle von HR zu reflektieren. HR soll ein wirklicher Business-Partner auf Augenhöhe werden. Und HR soll einer strategischen Vorgehensweise folgen. Die Teilnehmer sollen herausfinden, was wirklich wichtig und notwendig ist, um als HR zukünftig sehr erfolgreich zu sein.

Wir ergänzen unsere Erläuterungen an die Teilnehmenden durch ein paar Fakten zu LSP: Es handelt sich um eine geführte Methode, die auf wissenschaftlichen Erkenntnissen, Führungsstilen, Organisationsentwicklung und Psychologie basiert. Sie ermöglicht es den Teilnehmern, die eigene strategische Vorstellungskraft zu nutzen.

Jedes Spiel braucht aber auch ein paar Regeln, die wir den Teilnehmenden ebenfalls erläutern: Jeder ist permanent dabei; gebaut wird in Metaphern und die Teilnehmer geben ihrem Modell eine Bedeutung. Das Modell ist die visualisierte Antwort auf die Fragestellung des Facilitators. Wir fokussieren auf das Modell und die Geschichte dazu und nicht auf unsere abstrakten Gedanken. Dabei weisen wir auch darauf hin, wie wichtig es ist, auf sein Modell zu vertrauen: »Wir denken mit unseren Händen und hören mit unseren Augen. Und wenn uns gar nichts mehr einfällt, dann bauen wir einfach.« Dieser Satz ist besonders wichtig, weil die Teilnehmer manchmal einfach nicht wissen, was sie bauen sollen. Wir laden sie ein, intuitiv zu handeln und sich auf den Prozess zu verlassen.

Der Kernprozess ist immer der gleiche: Der Facilitator stellt den Teilnehmern eine Frage oder eine Aufgabe. Als Antwort oder Lösungsvorschlag baut jeder sein Modell. Dieses wiederum erläutert er den anderen. Es ist ein absolutes Muss, dass jeder dies tut und damit hundertprozentige Partizipation entsteht. Eines der Prinzipien für solche Workshops besagt, dass niemand ein »Meeting mit sich selbst« hat. Wir reflektieren die Modelle alle gemeinsam, und so tritt Wissen zutage, das sonst in uns verborgen bliebe.

Step 3: Skillbuilding und Metaphern bilden – das kann jeder

Im dritten Schritt bauen die Teilnehmer ihre ersten Modelle, um mit der neuen Methodik warm zu werden. Hierzu bitten wir sie, ihr Window Exploration Kit, ein kleines Set aus der Lego-Grundausstattung, zu nutzen, und aus den darin enthaltenen Steinen in vier Minuten einen Turm zu bauen. Wir weisen sie an, mit der grauen Platte zu starten und am Schluss eine Minifigur auf die Spitze des Turms zu setzen. Lediglich die graue Platte als Fundament und die Minifigur als Dach sind fest vorgegeben. Hintergrundmusik kann den Bauprozess begleiten. Der nächste Aha-Effekt stellt sich ein, wenn die Teilnehmer wahrnehmen, dass wieder zwölf unterschiedliche Türme aus der gleichen Auswahl an Steinen entstanden sind.

Wir lassen jeden Teilnehmer anschließend sein Modell erklären, und zwar unter dem Aspekt, was der Turm über die Persönlichkeit des Erbauers sagt. Dabei erleben die Teilnehmer zum einen, dass jeder in der Lage ist, etwas zu bauen, und zum anderen, dass jeder sein Werk als Metapher für eine Geschichte nutzen kann.

Step 4: Storytelling – jeder kann Geschichten erzählen

In diesem Schritt führen wir die Teilnehmer noch ein wenig tiefer in die Materie von LSP. Hier geht es um das Storytelling. Wir erklären ihnen, dass wir mithilfe von Geschichten die Zukunft ergründen, die Sinnhaftigkeit von gegenwärtigen Themen diskutieren oder Vergangenes teilen können. Wir nutzen das

Storytelling, um mit unserer Fantasie und Kreativität zu spielen und um das zu teilen, was wir wissen. Wir fordern sie auf, innerhalb von 7 Minuten ein Modell ihres ganz persönlichen Albtraum-Arbeitstages zu bauen. Ab diesem Zeitpunkt dürfen die Teilnehmer alle Steine benutzen, auch die auf dem Lego-Buffet. Der Bauprozess wird wieder durch Hintergrundmusik unterstützt.

Anschließend erzählen die Teilnehmer reihum ihre Albtraumgeschichten, was oft zu Lachern führt. Geschichten und Modelle erlauben es, gefährliche Themen genauer zu betrachten. Storytelling hat eine große Kraft und hilft uns, komplexe Sachverhalte zu verstehen. Da alles erlaubt ist, kann niemand falsch liegen. Jeder kann mit völligem Vertrauen und großem Selbstvertrauen ans Bauen gehen. Dieser Step führt zu der Erkenntnis, dass jeder bauen und Geschichten erzählen kann.

Step 5: Der individuelle Status-quo

In diesem Schritt gehen wir wieder etwas weiter. Nun folgt die erste Bausession zum eigentlichen Thema. In unserem Fallbeispiel ist es HR. In der Sequenz »HR heute« wollen wir als Facilitator sehen, was aktuell gut läuft und was die Teilnehmer in ihrer Funktion und Rolle als HRler können und leisten. Denn es ist wichtig, dass Vorhandenes gesehen und wertgeschätzt wird, bevor strategische Veränderungen angegangen werden. Daher untersuchen wir mit den Teilnehmern ihren ganz individuellen Status-quo als HR-Abteilung. Durch die gemischte Teilnehmergruppe können wir einen internen und einen externen Blick auf HR im Unternehmen werfen.

Nützliche Fragen, um den Status-quo zu ermitteln:

- Wie würden Sie einem neunjährigen Kind erklären, was Sie bei Ihrer Arbeit machen?
- Warum ist das, was Sie tun, wichtig für Ihr Unternehmen?

Die Teilnehmer werden aufgefordert, in 7 Minuten ein Modell dazu zu bauen. Wieder läuft Hintergrundmusik. Anschließend erläutert jeder sein Modell mit einer Geschichte. Eine Teilnehmerin baut vielleicht Figuren auf einer Blumenwiese und erklärt: »Ich schaue, dass alles in Ordnung ist und die Mitarbeiter zufrieden sind.« Ein anderer erläutert sein Boot mit Kapitän und Mannschaft: »Ich sorge dafür, dass unsere Führungskräfte gute Leader sind.«

Nach diesem Step schließt sich meist eine Mittagspause an.

Step 6: Warm-up mit Ente nach der Mittagspause

Als Warm-up nach der Mittagspause nutzen wir oft die Bausteine aus dem Step-in. Wir fordern die Teilnehmer auf, eine Ente zu bauen, die ihre Emotionen nach der Mittagspause zeigt. Nach dieser Mini-Session bitten wir alle, ihre Emotionen anhand der Enten kurz darzulegen.

Step 7: Auf zum nächsten Level!

Nachdem wir das, was ist, abgebildet und wertgeschätzt haben, wollen wir nun mit den Teilnehmern einen Blick in die Zukunft werfen. Wir bitten sie, innerhalb von 10 Minuten ihr Modell der HR-Zukunft zu bauen. Dazu stellen wir folgende Fragen:

- Welche Identität und welches Image wollen Sie als HR in zwei Jahren erreichen?
- Wie berücksichtigt Ihr Modell die Anforderungen der Digitalisierung?

Wir erklären den Teilnehmern, dass es hier darum geht, ein Artefakt zu bauen, das hilft, die eigene Geschichte in der Gruppe zu erzählen und zu teilen. Das Modell muss keinen Schönheitspreis gewinnen. Wir ergänzen nahezu in jeder Bausession, die stattfindet, folgenden Satz: »Wenn Sie nicht wissen, was Sie bauen sollen, bauen Sie einfach. Haben Sie kein kognitives Meeting mit sich selbst zum Thema, was Sie bauen sollen, sondern vertrauen Sie Ihren Händen und dem Prozess.«

Haben die Teilnehmer ihre Modelle erläutert, bitten wir sie in einer zweiten Runde, sich nochmals 4 Minuten lang auf ihr Modell zu fokussieren und es im Hinblick auf einen strategischen Ansatz zum »nächsten HR-Level« zu verbessern oder zu ergänzen. Die Teilnehmer können beispielsweise zu ihrem Modell etwas hinzufügen, es vergrößern oder es komplett verändern – ganz wie sie wollen. Zudem bitten wir sie, bei ihrem Modell die folgende Fragestellung miteinzubeziehen: Wie können Sie sicherstellen, dass Ihre HR-Prioritäten die Business-Ziele der Company unterstützen? Diese Frage lässt natürlich die unterschiedlichsten Antworten zu. Um zu verdeutlichen, dass die einzelnen HR-Einheiten in ihrer Zukunftsvision viel enger zusammenarbeiten, verbindet eine Teilnehmerin beispielsweise die Lego-Figuren in ihrem Modell mit einem Seil.

Step 8: Fokus setzen – die Roter-Stein-Technik

Um den Blick auf ein bestimmtes Detail zu lenken, nutzen wir gerne die Roter-Stein-Technik. Die Teilnehmer werden aufgefordert, sich zu fragen, was an ihrem Modell der wichtigste Aspekt ist, also die Essenz oder der Kern. Dieser soll mit einem roten Stein gekennzeichnet werden. Der Schritt hilft dabei, sich zu entscheiden und auf den wichtigsten Punkt zu konzentrieren. Jeder Teilnehmer erläutert dann kurz seinen Fokus.

Step 9: Gemeinsames Modell der Zukunft

Nachdem die Teilnehmer jeder für sich Modelle zur strategischen HR-Zukunft gebaut haben, ist es jetzt an der Zeit, zum gemeinsamen Modell zu wechseln. Damit werden das Commitment und das Verständnis füreinander gestärkt. Ziel ist es, dass sich alle am Ende mit dem gemeinsamen Bild und Modell identifizieren und sich dazu verpflichten, es umzusetzen. Für diesen Schritt fordern wir die Teilnehmer auf, den Bautisch mit ihrem Modell zu verlassen und sich um den zweiten großen Tisch zu gruppieren. Wir erklären, dass jetzt der Step folgt, bei dem jeder sein individuelles Modell in ein gemeinsames Zielmodell für die HR-Abteilung im Unternehmen hineingibt. Das angestrebte Zukunftsmodell »HR Future« soll die unterschiedlichen Perspektiven, den Status, die Rollen und die Abteilung im Unternehmen abbilden. Es geht darum, aus zwölf Einzelmodellen ein gemeinsames Modell zu machen.

Wir erläutern den Teilnehmern, dass sie zusammen dafür zuständig sind, Teile ihrer individuellen Modelle in das gemeinsame Modell einzubinden. Darüber wird in der Gruppe verhandelt. Wichtig ist, dass darin jeder den wichtigsten Aspekt, den er mit dem roten Stein markiert hat, noch erkennen kann. Wir weisen darauf hin, dass es ein Gruppenprozess ist und dass es keinen perfekten Weg gibt, ein gemeinsames Modell zu erstellen. Wir erklären lediglich ein paar Grundsätze, die dabei wichtig sind:

- Das Resultat sollte mehr sein als die Summe der unterschiedlichen Teile.
- Von jeder Person soll entweder das Modell oder ein Teil dessen integriert sein.
- Die Teilnehmer dürfen das Modell verändern, vergrößern oder anders zusammensetzen.

Gibt es Dopplungen, finden die Teilnehmer gemeinsam heraus, wer bereit ist, auf etwas zu verzichten. Alle sollen sich auf ihre HR-Abteilung und deren strategische Ausrichtung konzentrieren. Wir lassen den Teilnehmern die Zeit, die sie benötigen. In der Regel sind es 20 bis 30 Minuten.

Während das Gesamtmodell entsteht, weisen wir darauf hin, dass eine gemeinsame Version nicht bedeutet, dass alle Beteiligten mit allem einverstanden sind. Vielmehr müssen alle mit dem Ergebnis leben können. Wir laden die Teilnehmer ein, sich um den Tisch herum zu bewegen und das Modell aus verschiedenen Perspektiven zu betrachten. Dabei sind folgende Fragen nützlich:

- Was fühlen und denken Sie, wenn Sie Ihr gemeinsames Modell anschauen?
- Sind von jedem die wichtigsten Elemente enthalten?
- Sind Sie zufrieden mit dem gemeinsamen Modell?

Wenn die Verhandlungen beendet sind und das gemeinsame Modell fertiggestellt ist, bitten wir vier bis fünf Teilnehmer, die Geschichte zu erzählen, die im gemeinsamen Modell steckt. Wir als Facilitator achten darauf, dass die Teilnehmer bei ihren Erläuterungen auf die einzelnen Aspekte des Modells deuten, sodass alle gut nachvollziehen und verstehen können, worum es im Einzelnen geht. Diesen Teil des Workshops nennen wir »Hard Fun«, da LSP Spaß macht und dennoch anstrengend ist. Wir weisen die Teilnehmer darauf hin, dass sie sich gegenseitig zur Unterstützung befragen dürfen.

Allein durch die Platzierung der Einzelmodelle bzw. die Diskussion darüber klärt sich etwa, welche Punkte bei der Vision von »HR 2025« im Mittelpunkt stehen sollen. Zudem kann die Gruppe in dieser Phase gemeinsam Umbauarbeiten vornehmen. So greift sie etwa den über die Seile dargestellten Gedanken der Vernetzung auf und knüpft weitere Seilschaften zu dargestellten anderen Abteilungen und auch dem Unternehmensumfeld. Das Speedboot, das einer der Teilnehmer gebaut hat, wird als eine Art Galionsfigur platziert. Sie symbolisiert: Als schnelle Einheit verlassen wir immer wieder das Konzernmutterschiff, um unbekanntes Terrain zu erkunden und neue Routen zu finden.

Step 10: Individuelle Tools, Kompetenzen und Skills für die Zukunft

Im nächsten Schritt geht es darum, die notwendigen Kompetenzen, Tools und Skills der HR-Mitarbeiter festzulegen, die sie brauchen, um das entstandene Zielmodell zu realisieren. Wir bitten die Teilnehmer, wieder am Bautisch Platz zu nehmen. Dort fordern wir sie auf, ihr individuelles Modell in Bezug auf die Erfolgsfaktoren für das nächste HR-Level zu bauen. Dabei ist folgende Frage nützlich: Worin müssen wir wirklich gut sein, um einen Nutzen für unser Unternehmen zu schaffen? Und wieder erläutert jeder sein Modell mit der Geschichte der Kompetenzen und Skills.

In der zweiten Runde bohren wir noch ein wenig tiefer: Welche weiteren Kompetenzen sind auf dem Weg zum Ziel erforderlich? Wir bitten die Teilnehmer zudem, ihre einzelnen Modelle je nach Einfluss mit dem gemeinsamen Modell zu verbinden. So entsteht eine Art Landschaft, die sich aus dem gemeinsamen Modell und den Einflussfaktoren in Form von Tools und Kompetenzen zusammenfügt. Die Gruppe diskutiert anschließend über die Positionen der individuellen Modelle rund um das gemeinsame Modell. Am Ende geht es wieder darum, dass alle mit dem Bild leben können und zufrieden sind. Und wieder erzählen vier bis fünf Personen die gemeinsame Geschichte; die anderen Beteiligten helfen gegebenenfalls.

Wir filmen diese Schilderungen für das Protokoll und als Erinnerungshilfe für die Teilnehmer.

Erster Transfer

Um einen ersten Transfer zu initiieren, lassen wir die Teilnehmer ein letztes Modell bauen. Wir stellen dazu folgende Frage: Was machen Sie ab morgen anders, um Ihr Ziel und Ihre Vision von HR Future zu erreichen? Die Teilnehmer bauen ihre Modelle und stellen sie – nun zum letzten Mal in diesem Prozess – vor.

Voraussetzungen für die Anwendung

Um einen LSP-Workshop selbst zu moderieren, brauchen Sie eine Fortbildung zum LSP-Facilitator oder zumindest eine systemische Coaching-Ausbildung. Wer nicht darüber verfügt, sollte einen entsprechenden externen zertifizierten Facilitator für den Workshop beauftragen.

Weiterführende Quellen

Infos zur Zertifizierung als LEGO® Serious Play Facilitator bei Rasmussen Consulting unter www.rasmussenconsulting.dk.

Working out Loud: WOL

WOL in Stichworten

Strukturierte Methode, um selbst gewählte berufliche Ziele gemeinsam mit anderen im Netzwerk zu erreichen. WOL beruht auf dem Prinzip der Selbstorganisation. Die Methode fördert die abteilungsübergreifende Zusammenarbeit sowie die Kommunikation und kann beim Abbau von Silos helfen, da damit Beziehungen und Kooperation in Unternehmen gestärkt werden.

Wofür ist WOL geeignet?

Der Begriff »Working out Loud« wurde erstmals circa 2010 von dem IT-Spezialisten Bryce Williams verwendet. Ihm ging es um das Sichtbarmachen der eigenen Arbeit und das Teilen seiner Erkenntnisse daraus in Netzwerken. Aus diesem Ansatz entwickelte der US-Amerikaner John Stepper dann die hier beschriebene WOL-Methode.

Working out Loud, kurz: WOL, hilft dabei, berufliche Ziele über Beziehungen und ein Netzwerk zu erreichen. Dabei geht es nicht um ein simples Vernetzen, sondern vielmehr um die gezielte Investition in Beziehungen und proaktives Geben.

Die WOL-Methode fördert persönliche Kontakte, insbesondere funktionsübergreifende, indem sie die Kooperation unter Kollegen verbessert und zu informellen Hilfeleistungen ermutigt. Diese Kooperation kann sich wiederum später bei arbeitsbezogenen Themen positiv auswirken. Zudem hilft WOL dabei, Karrierepfade und Kommunikationswege abseits des Formalen aufzubauen und zu pflegen. Darüber hinaus führt WOL zum Erwerb neuer Kompetenzen, insbesondere wenn dabei digitale Tools und Medien genutzt werden.

WOL wirkt sich primär auf die persönliche Arbeitsweise und die informale Seite einer Organisation aus – beispielsweise weil man lernt, agiler und selbstorganisiert zu arbeiten. Auf die Organisation als Ganzes hat die Methode erst einmal kaum Einfluss. Wenn sich aber WOL-Circles in einem Unternehmen ausbreiten, kann sich dessen Kultur durchaus verändern. Es enstehen Agilität und ein Gemeinschaftssinn. Die Beteiligten erlernen die Fähigkeit der Zusammenarbeit in Peers, was helfen kann, Silos abzubauen und starre Formalitäten zu umschiffen. Sie leisten freiwillig Mehrarbeit, ohne dabei die eigentlichen Ziele der Organisation aus den Augen zu verlieren.

Wie funktioniert WOL?

In sogenannten WOL-Circles können die Teilnehmer gemeinsam in kleinen Schritten große Ergebnisse beim beruflichen Kontakteknüpfen erzielen und sich gegenseitig beim Erreichen ihrer Ziele unterstützen. Die Teilnehmenden an diesen Circles sucht man sich selbst im Kollegen- oder beruflichen Bekanntenkreis. Ein Circle besteht aus vier bis fünf Teilnehmern. Gemeinsam durchläuft man z. B. ein 12-wöchiges, genau angeleitetes Programm (die Guides dazu finden Sie unter https://workingoutloud.com/en/circle-guides), das pro Woche nicht mehr als eine Stunde Zeit in Anspruch nehmen sollte. Hierzu findet wöchentlich eine Session statt, entweder digital oder persönlich vor Ort.

7-Wochen-Programm

Wir haben für Sie ein 7-Wochen-Programm zum Ausprobieren zusammengestellt.

- **Woche 1:** In der ersten Woche konkretisiert jeder gemeinsam mit der Gruppe sein Ziel. Wichtig ist hier auch die Frage, wer

Sie auf dem Weg zum Ziel unterstützen kann. Diese Personen notieren Sie auf Ihrer sog. Beziehungsliste. Um sich sichtbarer zu machen und besser selbst zu vermarkten, brauchen Sie Beziehungen und können zusätzlich von anderen lernen, die das Ziel schon erreicht haben.

- **Woche 2:** In dieser Woche geht es darum, den Menschen aus Ihrer Beziehungsliste etwas Gutes zu tun, nach dem Motto: Erst geben, dann nehmen. Beispiel: Schenken Sie dieser Person Aufmerksamkeit. Folgen Sie ihr in den sozialen Medien, teilen Sie im Intranet ihre Beiträge oder liken Sie sie. In der gemeinsamen wöchentlichen Circle-Session werden diese Bemühungen diskutiert. Es geht darum, großzügig zu sein und sich zunächst von den angestrebten Ergebnissen zu lösen.
- **Woche 3:** Blocken Sie für die nächsten vier Wochen vier Termine mit sich selbst im Kalender. Hier reichen auch schon kleine Zeitfenster. Das kommunzierein Sie auch den anderen Circle-Mitgliedern, damit Sie sich noch mehr verpflichtet fühlen, sich an diesen Terminen Zeit für sich selbst zu gönnen. Das zweite To-do der Woche 3: Bedanken Sie sich bei zwei Personen, die Ihnen etwas Gutes getan haben, mit einer netten E-Mail – ohne eine Gegenleistung dafür zu erwarten.
- **Woche 4:** Das Zauberwort für die vierte Woche heißt »Empathie«. Im Circle werden die E-Mails von Woche 3 auf ihren Empathie-Gehalt untersucht. Sie prüfen dazu gemeinsam, ob die Wertschätzung auch wirklich beim anderen angekommen ist. Dann bietet jeder Teilnehner einen empathischen Beitrag an, und zwar so: Sie versetzen sich in den anderen hinein und

fragen sich: Wie zeige ich Wertschätzung? Vielleicht stellen Sie dem anderen eine für ihn interessante Person vor oder machen ihm für etwas ein Kompliment oder bedanken sich bei ihm für etwas.

- **Woche 5:** In dieser Woche überlegen Sie sich, was Sie als Persönlichkeit ausmacht und für andere nahbar macht. Jeder von den Circle-Membern schreibt 50 Dinge auf, die ihn zu dem gemacht haben, was er ist. Nehmen Sie Kontakt zu einigen Personen auf Ihrer Beziehungsliste auf (siehe Woche 1). Reden Sie mit ihnen darüber, wie Sie mit Ihren Stärken auch andere unterstützen können.
- **Woche 6:** In der sechsten Woche schreiben Sie einen Brief an sich selbst aus der Zukunft in 12 oder 36 Monaten. Hier geht es darum sich auszumalen, wie Sie rückblickend Ihr Ziel erreicht haben. Die Inhalte der Briefe werden in der wöchentlichen Session mit den anderen Circle-Mitgliedern diskutiert.
- **Woche 7:** Bauen Sie Ihre Komfortzone aus und entwickeln Sie neue Gewohnheiten. Am besten docken Sie hierfür an bestehende Routinen an und erweitern diese. Beispiel: Wenn Sie bisher schon gejoggt haben, machen Sie jetzt noch ein paar zusätzliche Übungen für Ihre Wirbelsäule oder Sit-ups. Dokumentieren Sie Ihren Fortschritt und besprechen Sie alles in Ihrem Circle.

Das Ende des Circles bildet eine Abschlussbesprechung, in der Sie Ihre Erfolge auch kräftig feiern dürfen.

Die WOL-Grundprinzipien

Es gibt fünf WOL-Grundprinzipien, an denen sich die Circles orientieren:

1. Beziehungen pflegen – Lernen über den Austausch mit anderen
2. Miteinander wachsen – die Teilnehmer sind offen, neugierig und bereit, ihre Komfortzone zu verlassen
3. Eigene Arbeit sichtbar machen – Wissen vermehrt sich, wenn man es teilt
4. Großzügigkeit – Vernetzen bedeutet: Freigiebig teilen
5. Zielgerichtete Weiterentwicklung – klarer Fokus auf den Purpose

Voraussetzung für die Anwendung

Man sollte bereit sein, Wissen zu teilen, sich auf Neues einzulassen und Zeit dafür zu investieren.

Weiterführende Quellen

Eine detaillierte Anleitung zur Arbeit mit WOL gibt es unter www.workingoutloud.com in verschiedenen Sprachen.

Purpose Circle Theater

Purpose Circle Theater in Stichworten

Diese Großgruppen-Methode koppelt das Denkmodell des Golden Circle mit Elementen des Improvisationstheaters. Das Purpose Circle Theatre hilft, das Why, How und What neuer Ideen spielerisch herauszuarbeiten, und zwar aus unterschiedlichen Perspektiven und mit umfassendem Feedback. Die Improvisation und das schauspielerische Darstellen bringen die Emotionen der Beteiligten ins Spiel – eine wichtige Voraussetzung, um sich mit dem Vorhaben identifizieren und es überzeugend in das Unternehmen tragen zu können.

Wofür ist das Purpose Circle Theatre geeignet?

Oft wird in Unternehmen zwar über Maßnahmen, Ziele, Probleme und Anliegen gesprochen, doch selten über den dahinter liegenden tieferen Sinn des Tuns und den Mehrwert, den es bringt. Auch in Change-Prozessen wird häufig der Sinn der Veränderung nicht thematisiert. Das »Warum« und »Wofür«, das WHY, fällt unter den Tisch. Genau darauf aber kommt es an, denn: Menschen suchen nach Sinn, nach Purpose – und auch Unternehmen befinden sich auf Sinnsuche.

Das Problem: Selbst in Unternehmen, die wissen, dass der Sinn, für den sie stehen, rahmengebend und motivierend ist, bleibt der Purpose häufig blass. Das kann daran liegen, dass er nicht genügend herausgeschält worden ist oder dass er keine Emotionen weckt oder er nicht ausreichend klar und einfach genug erläutert wurde. Hier gilt die alte Regel: Gesagt ist nicht »verstanden« und bedeutet erst recht nicht »einverstanden«.

Gerade dort, wo Menschen schnell Change-müde werden, ist es immens wichtig, den Sinn und Zweck der Veränderung emotional aufzuladen, damit der Change auch in die Herzen der Mitarbeiterinnen und Mitarbeiter dringt. Genau das passiert in der Regel, wenn das »Why« deutlich herausgearbeitet wird – und zwar am besten co-creativ, in einem gemeinsamen Prozess. Ein starkes, gemeinsam ermitteltes »Warum« und »Wofür« erleichtern das »Was« und das »Wie«, also die Umsetzung von Change-Maßnahmen.

Wenn es darum geht, eine neue Strategie zu erarbeiten und gleichzeitig den zugehörigen, den Change unterstützenden Purpose zu formulieren, ist das Denkmodell des Golden Circle gekoppelt mit Business-Theater ein guter Ansatz. Die Kombination aus beiden Methoden nennen wir Purpose Circle Theatre: Es verbindet Spiel mit Strategie. Diese Methode hilft, die zentrale Sache und Idee, für die ein Unternehmen steht bzw. in Zukunft stehen soll, spielerisch zu inszenieren. Es handelt sich um einen Gamification-Ansatz, der in die Tiefe geht und Raum für Entdeckungslust bietet. Er ist das genaue Gegenteil zur emotionslosen und rein kognitiven Erarbeitung von Ergebnissen.

Die Basis der Methode, nämlich der sog. Golden Circle wurde vom Unternehmensberater Simon Sinek vor rund zehn Jahren entwickelt. Sein Credo: Start with WHY! Bevor man sich mit dem Was und dem Wie beschäftigt, sollte man also immer erst klären, warum man etwas macht. Dieses Prinzip gilt nicht nur bei der Produktentwicklung, sondern im gesamten Unternehmenskontext.

Beim Business-Theater stellen normalerweise Schauspieler Situationen aus dem Firmenalltag nach. Im Purpose Circle Theater schlüpfen die Teilnehmer selbst in die Rollen des Regisseurs, der Schauspieler und der Beobachter. Es werden im Wege der Improvisation, also ohne genaues Drehbuch, sondern aus dem Spiel heraus, Bilder und Szenen geschaffen, die mehr als 1.000 Worte sagen und bisweilen sogar mit Humor angereichert sind. Business-Theater schafft damit eine produktive Lernsituation.

Wie funktioniert das Purpose Circle Theater?

Wir erklären das Purpose Circle Theater hier anhand einer typischen Situation in der Unternehmenspraxis: Angenommen, die Produkte eines Unternehmens laufen erfolgreich, sind jedoch in die Jahre gekommen. Ähnlich wie bei Nokia erkennen die Mitarbeitenden am Höhepunkt des Erfolgs keine Notwendigkeit, etwas zu verändern. Das Management sieht das anders: Der nächste Change soll innovative Produkte bringen, die das Unternehmen weiterhin auf Erfolgskurs halten. Dafür muss eine neue strategische Ausrichtung her. Der einstige Erfolg soll kein Innovations- und damit Change-Verhinderer sein. Um in einer solchen Ausgangssituation eine neue Strategie zu erarbeiten, ist die Methodik sehr gut geeignet.

Set-up

An einem Purpose-Circle-Theatre-Workshop können zwischen 36 und 45 Personen mitwirken. Los geht es, indem drei Gruppen gebildet werden mit 12 bis 15 Teilnehmenden. Bei 36 Teilnehmenden gibt es in jeder Gruppe

- 4 Regisseure. Sie erarbeiten ein Kurzdrehbuch und entscheiden, was und wie gespielt wird.
- 4 Schauspieler. Sie stellen das Drehbuch szenisch dar.
- 4 Zuschauer. Sie geben Feedback.

Bei 45 Teilnehmenden und 15 Personen pro Kleingruppe erhöht sich die Zahl der Rolleninhaber auf jeweils 5.

Step 1: Briefing der Teilnehmer

Vor dem eigentlichen Start des Workshops ist es wichtig, die Teilnehmenden zu dem besonderen methodischen Vorgehen und zum inhaltlichen Vorhaben zu briefen. Wenn es um eine neue Produktstrategie geht, etwa so: »Unsere Ausgangssituation ist ... Wir wollen da hin: ... Wie schaffen wir es, unser Ziel zu erreichen? Wir werden dazu das Was, das Wie und das Wofür für unsere künftigen Produkte in einem Workshop in drei Runden szenisch erarbeiten und die Essenz daraus hinterher im Unternehmen pitchen.«

Step 2: Erläuterung des Golden Circles

Im Golden Circle dreht sich alles um drei Fragen:

1. **Why?** Nur wenige Organisationen wissen, warum und wofür sie das tun, was sie tun. Geld zu verdienen, ist natürlich auch

wichtig, doch zusätzlich geht es um den tieferen Sinn und Zweck, um den eigentlichen Grund, warum eine Organisation existiert. Mit anderen Worten: Es geht um den Purpose. Die nach vorne gerichtete Frage lautet: Was ist bei diesem Change unser »Why«, wenn wir in die Zukunft blicken?

2. **How?** Einige Organisationen wissen, wie sie es machen, das heißt, wie sie es so machen, dass es sie von anderen Organisationen unterscheidet. Auch hier gilt wieder der Blick voraus: Wie machen wir es künftig? Wie machen wir es in Zukunft anders?
3. **What?** Jede Organisation kann sagen, was sie macht. Das »Was« sind die Produkte und Dienstleistungen, die sie anbietet oder verkauft. In Bezug auf Veränderungen heißt die Frage etwas abgewandelt: Was machen wir künftig? Was machen wir in Zukunft anders?

Am Ende der Beschäftigung mit diesen Fragen soll eine emotional ansprechende Botschaft stehen, die klar verständlich ist, Sinn stiftet und Begeisterung für den Mehrwert, den das Unternehmen liefert, schafft. Zudem sollte den Mitarbeitenden der Nutzen, den sie ihren Kunden liefern, vor Augen geführt sein. Je nach Fragestellung empfiehlt sich eine unterschiedliche Vorgehensweise beim What, How, Why: deduktiv oder induktiv – vom Übergeordneten, also dem Purpose, ausgehend auf das Konkrete schließend (deduktiv) oder vom Konkreten ausgehend auf das Übergeordnete schließend (induktiv). Werden Produkte verändert, um sich neu auszurichten, ist es einfacher, induktiv vorzugehen: Man startet mit dem »What« und endet mit dem

»Why«, dem Purpose. Geht es um neue Führungskompetenzen, stehen naturgemäß zuerst der Sinn und Zweck der Führung im Vordergrund, also der Purpose. Vom Purpose ausgehend arbeitet man sich dann vor zu den Einzelheiten der Führungsausgestaltung und zu den Führungsfähigkeiten.

Step 3: Das »Was«, »Wie« und »Warum« wird in Szene gesetzt

Die drei Fragen des Golden Circle werden im Workshop nicht einfach analytisch diskutiert, sondern mit der Methode des Business-Theaters szenisch von den Teilnehmenden erarbeitet. Das bietet sich bei emotionsbehafteten Veränderungsvorhaben gerade deshalb an, weil über die Improvisation und das schauspielerische Darstellen nicht nur der Kopf, sondern auch das Herz und die Seele der Menschen berührt werden.

Das Was

Die drei Gruppen befassen sich als Erstes mit dem »Was« für die künftigen Produkte. Die Regisseure erhalten dazu ein Rahmenmodell, das ihnen als Basis für ihr Drehbuch dient. Dies kann z. B. das STAR-Modell sein, das sich aus den Elementen »Situation«, »Task«, »Action« und »Result« zusammensetzt (vgl. auch Kapitel »Storytelling«). Diese vier Komponenten des »Was« gilt es nun zu inszenieren. Die Regisseure entscheiden, was gespielt wird, geben dann das Kurzdrehbuch an die Schauspieler weiter und briefen diese entsprechend. Das bedeutet: Die Schauspieler hören im ersten Part nur zu. Anschließend üben sie die Szene mit den verschiedenen Rollen. Einer spielt die derzeitige Situation, ein anderer drückt die anstehende Aufgabe des Unternehmens aus, usw.

Die vier Zuschauer in jeder Gruppe erhalten die unten dargestellte Checkliste mit systemischen Fragen und Feedbackanleitungen. Sie notieren nach dem ersten Einüben der Szene ihre Wahrnehmungen und die beobachteten Muster. Das Ganze wiederholt sich, bis die Szene steht und die Gruppe ihre Vorbereitung als abgeschlossen erachtet.

Checkliste für Zuschauer

- Musterbeobachtung: Welche Verhaltensmuster nehmen Sie während der Inszenierung bei den Regisseuren und bei den Schauspielern wahr? Wie wird kommuniziert? Welche Stichworte fallen? Was wird zwischen den Zeilen vermittelt?
- Skalierungsfrage: Wie verständlich ist die gespielte Szene auf einer Skala von 1 bis 10? 1 steht für: gar nicht/Botschaft völlig unklar; 10 steht für: sehr klar verständlich/Botschaft sehr klar.
- Zirkuläre Fragen und Fragen zum Perspektivwechsel: Was würde ein kritischer Kollege zur Inszenierung sagen? Ein wohlwollender Kollege? Ihr Chef?
- Was würde ein neunjähriges Kind zum Schauspiel hier sagen? Welchen Rat würde ein weiser Mann den Schauspielern und Regisseuren geben?
- Feedback orientiert an den 3 W: **W**ahrnehmung – **W**irkung – **W**unsch. **1. Wahrnehmung:** Ich nehme wahr/beobachte ... Hier geht es um beobachtbares Verhalten. **2. Wirkung:** Die Wirkung auf mich ist: ... Welche Gefühle/Verhalten löst das bei mir aus? **3. Wunsch:** Ich wünsche mir stattdessen ... Mein konstruktiver Vorschlag dazu ist ...

Danach spielen alle drei Gruppen ihren »Was«-Part nacheinander im Plenum vor und erhalten das Feedback der Zuschauer.

Die Best-of-Variante wird gekürt und gegebenenfalls ergänzt. Auf diese Weise ergibt sich ein ganzheitliches Bild, das die besten in Ko-Kreation geschaffenen Ideen der Gruppe zeigt.

> Dreifacher Rollentausch schafft viele Perspektivwechsel.

Das Wie

So wie beim ersten Part gehen die drei Gruppen auch beim »Wie« vor. Wichtig ist, dass die Rollen gewechselt werden: Die Regisseure werden zu Schauspielern, die Schauspieler zu Zuschauern und die Zuschauer zu Regisseuren. Am Ende der »Wie«-Runde ist das Ergebnis ein Best-of des »Wie«, das alle gemeinsam im Plenum gefunden haben.

Das Why

Das »Why«, also der Sinn hinter dem Ganzen als Kern der Übung, ist der dritte Schritt. Wieder werden die Rollen gewechselt. Ziel ist es, dass jeder nach allen drei Fragerunden jede Rolle hatte und damit jede Perspektive einnehmen konnte.

Szenisch wird nun erarbeitet: Warum tun wir das Angestrebte? Welcher Nutzen, welcher Zweck und welcher Sinn verbinden sich in Zukunft mit unseren Produkten? Welche emotionale Botschaft lässt sich daraus ableiten? Die Gruppen gehen wieder entsprechend den ersten zwei Runden vor, und am Ende wird das »Best-of Why« gekürt.

> Ein unzureichend geklärtes oder fehlendes »Why« fördert den Widerstand, ein nachvollziehbares »Why« hingegen setzt Energien frei.

Die Best-of der »What«, »How« und »Why« geht nun in eine Operationalisierungsrunde: Begriffe und Aussagen werden im Plenum geschärft, und es wird gemeinsam ein Maßnahmenplan für die Umsetzung erarbeitet.

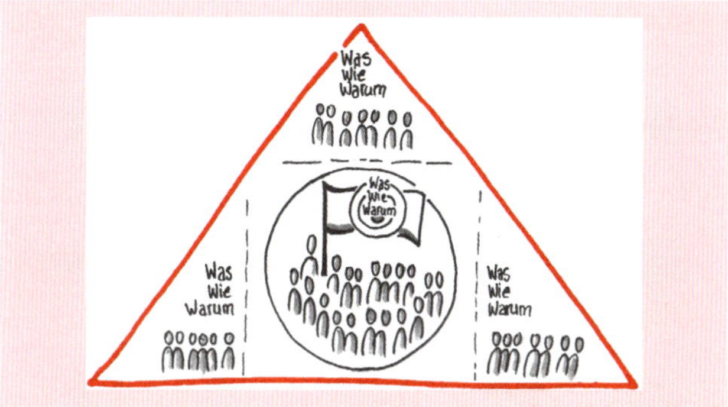

Step 4: Implementierung im Unternehmen

Zuletzt gilt es, den Purpose mitsamt dem »Was« und dem »Wie« in der Organisation zu verbreiten. Das ist eine große Herausforderung gleich einem Sprung in eine Löwenhöhle. Die Schwierigkeit besteht darin, die Mitarbeiter und Führungskräfte aus den diversen Abteilungen, die nicht im Prozess dabei waren, abzuholen und für den neuen Weg zu gewinnen. Jeder Teilnehmende des Workshops wird die nächsten Wochen den Purpose und die Umsetzungswege in die Organisation pitchen und damit hoffentlich die Löwen, die dem Change bislang vielleicht eher knurrend oder zähnefletschend gegenüber gestanden haben, besänftigen. Vielleicht gelingt es ihnen sogar, sie so für den Change begeistern, dass sie die Veränderungen und Neuerungen mit Löwenkräften unterstützen.

Voraussetzungen für die Anwendung

Die Organisation sollte reif für Business-Theater sein bzw. es sollte eine entsprechende Akzeptanz hierfür im Unternehmen bestehen. Kenntnisse der Berater/Trainer in Improvisationstechniken und in der systemischen Beratung sind ebenso hilfreich.

Weiterführende Quellen

Nickel, Susanne, Berndt, Christian, Let's change mit innovativen Tools, 2018.

Preußig, Jörg, Improvisationstechniken, 2017.

Agiles Mission Statement

Agiles Mission Statement in Stichworten

Ein Mission Statement bringt die Stärken und das »Wozu« eines Unternehmens, Produkts oder einer Dienstleistung kurz, klar und prägnant auf den Punkt. Wird agil gearbeitet, gelingt die Entwicklung eines solchen Statements in wenigen Stunden.

Wofür ist das agile Mission Statement geeignet?

Viele unserer Kunden haben mit erheblichem Aufwand Leitbilder und Mission Statements erstellt, die aber leider außer den Urhebern niemanden begeistern. Der Grund dafür ist eine ordentliche Portion Skepsis, die solchen Regelwerken entgegengebracht wird. Und diese Skepsis ist auch durchaus berechtigt.

In den dafür typischen Prozessen wurde von Expertinnen und Experten gemeinsam mit Führungskräften über Formulierungen gebrütet, bei denen solche oder ähnliche Floskeln herauskamen: »Wir sind die besten ... größten ... in unserem Markt. Wir orientieren uns am Kunden ...« Und wenn man den eigenen Leuten Angst machen will: »Wir steigern unseren Gewinn bei gleichbleibenden Kosten.« Übersetzt bedeutet das für Mitarbeiter: Sicher mehr Arbeit und sicher nicht mehr Geld in der Börse.

Je genereller ein Mission Statement formuliert wird, umso mehr Themenbereiche es abdecken soll, umso vager wird es in seiner Aussage sein. Und damit auch nicht wirklich wirken. Vor allem in Mischkonzernen, die unterschiedliche Unternehmen mit verschiedenen Kundengruppen und jeweils völlig andere Ziele im Fokus haben, bleibt als kleinster gemeinsamer Nenner meist nur die Shareholder-Mission: Sicherheit des Investments und Steigerung des Wertes. Glauben Sie uns: Das ist kein Kundennutzen.

Eine Mission muss attraktiv für Kunden sein und zugleich den eigenen Leuten nicht nur Orientierung geben, sondern auch Lust darauf machen, sich einzubringen. Doch damit nicht genug: Das Ganze sollte auch so einfach formuliert sein, dass man es nebenbei jemandem anderen sagen kann, als sei es das Natürlichste auf der Welt. Klingt so, als wäre das ein unmögliches Vorhaben. Doch es ist machbar, und zwar mit einem Mission-Workshop, an dessen Ende ein agiles Mission Statement steht. Dieser Workshop dauert nicht etwa mehrere Tage an. Die längste von uns moderierte Mission-Session war gerade mal dreieinhalb Stunden lang.

Vorbereitung des Mission-Workshops

Bevor es losgeht, überlegen Sie sich Antworten auf folgende Fragen:

- Wer soll am Workshop teilnehmen? Laden Sie Vertreter aus all jenen Bereichen ein, für die das agile Mission Statement erstellt wird. Wenn Sie es für eine Abteilung machen, ist der Teilnehmerkreis schnell festgelegt. Wenn das Statement für das ganze Unternehmen formuliert werden soll, gilt: Je größer der Querschnitt, umso höher die Akzeptanz.
- Wie wollen Sie über den Prozess berichten? Umfangreiche Kommunikation ins Unternehmen ist bei einem Mission-Statement besonders wichtig, damit sich alle informiert und von Anfang an eingebunden fühlen. Holen Sie daher möglichst früh Ihre Kommunikationsabteilung mit ins Boot, die Sie dabei unterstützt.
- Wie stellen Sie sicher, dass Ihr neu entwickeltes Mission Statement an alle im Unternehmen kommuniziert wird? Es reicht nicht, wenn das Statement irgendwo in einer Datei auf dem Server liegt – Wirkung entsteht nur durch beständige Kommunikation.
- Wo wollen Sie das Meeting stattfinden lassen? Organisieren Sie es dort, wo die tatsächliche Leistung für Ihre Kundengruppen entsteht: in einer Produktionshalle, im Forschungszentrum (wenn man dort hinein darf), im Verkaufsraum usw.

Die Teilnehmenden sind eingeladen; der Raum ist bestimmt. Nun brauchen Sie noch die entsprechenden Arbeitsmittel. Die besten Ergebnisse haben wir mit Stehtischen an Pinnwänden erzielt, die jeweils für Sechser-Gruppen vorbereitet waren. Wenn Sie nur wenige Personen eingeladen haben (bis zu 10), können Sie viele Schritte auch gemeinsam in einer Gruppe erarbeiten.

Wie funktioniert das agile Mission Statement?

Teil 1: Schmerzen der Zielgruppe identifizieren

Stellen Sie sich vor, Sie gehen zum Arzt. Er sieht Sie kurz und konzentriert an, hört nicht lange zu, verschreibt ein Medikament und ruft: »Der Nächste bitte ...!« Stellen Sie sich nun einen anderen Arzt vor: Er nimmt sich Zeit, hört Ihnen zu, kann Ihre Beschwerden genau beschreiben. Dann erklärt er Ihnen ausführlich, woran Sie leiden, und verschreibt Ihnen ein Medikament, und zwar das gleiche wie der erste Mediziner. Bei welchem Arzt würden Sie sich kompetenter behandelt fühlen? Vermutlich beim zweiten! Und das, obwohl der erste Arzt schneller zur gleichen Lösung kam.

Genauso geht es unseren Kunden: Bevor sie Lösungen hören wollen, müssen sie sich in ihren Problemen verstanden fühlen! Nicht derjenige, der die Lösung kennt, wird von den Kunden als kompetent erachtet, sondern jene Leute, die die Probleme auf den Punkt bringen. Das klingt zwar erstaunlich, ist es aber nicht. Denn nur wer die Situation der Zielgruppe tatsächlich versteht, ist dazu in der Lage, ihr zu helfen. Wer nachvollziehen kann, welches Problem ein anderer hat, zeigt zudem Einfühlungsvermögen – ein wichtiges Element, um Vertrauen aufzubauen.

Teil 1 Step 1: Am Anfang steht der Schmerz

»Wo drückt unserer Zielgruppe der Schuh am meisten?« Mit dieser Frage beginnt der Workshop. Denn das ist ein wesentlicher Punkt, wenn es um die Formulierung der Mission geht. Wenn Kunden keine Probleme hätten oder nur Probleme, die selbst lösen können oder wollen, gäbe es das Team, die Abteilung, das Unternehmen nicht. Wichtig: Der Schmerz muss ein wesentlicher sein. Ein Problemchen reicht nicht. Big Pain Points können beispielsweise nicht ausreichend vorhandene Datensicherheit sein, mangelnde Transparenz bei Zahlungsflüssen, eine wackelige Supply Chain, nicht genug Bewerber für das nötige Wachstum usw.

Ebenso wichtig ist: Sie und Ihr Team oder Ihr Unternehmen haben die richtige Lösung für das Problem des Kunden, also quasi das Schmerzmittel dafür.

Teil 1 Step 2: Die erste »Schmerzformulierung«

Die Gruppe wird nun in Dreier- oder Vierer-Teams aufgeteilt. Alle arbeiten an derselben Aufgabenstellung: Bringt die Schmerzen (die wir lösen können) auf den Punkt!

Die folgenden Sätze helfen, konkrete Schmerzpunkte klar, deutlich und kompakt auszudrücken:

- Viele unserer Kunden haben das Problem, dass ...
- Wir hören immer wieder, dass ... nicht in der Lage ist ...
- Es kommt häufig vor, dass .... nicht funktioniert.

Geben Sie den Teilnehmenden für diese Aufgabe maximal 30 Minuten Zeit. Nach deren Ablauf starten Sie eine kurze Diskussion von maximal 20 Minuten, um die unterschiedlichen Ergebnisse zu einfachen, klaren Aussagen zusammenzuführen.

BEISPIEL: DER IT-PERSONALDIENSTLEISTER

Ein Personaldienstleister für IT-Fachpersonal fasst das Problem seiner Zielgruppe in folgende Worte: »Viele unserer Kunden können derzeit nicht wachsen, weil ihnen das Personal fehlt. Egal, wie viele Anzeigen sie schalten, sie bekommen keine geeigneten Bewerber!«

Vermutlich werden ihm all seine Kunden recht geben und dies noch mit einem leisen Seufzen bestätigen.

Teil 1 Step 3: Erste Verprobung und Nachbesserung

Jeder aus dem Team erhält maximal 10 Minuten Zeit, um Bekannte, Kollegen oder andere im Unternehmen anzurufen und um Feedback zu bitten: »Sag bitte, ob folgende Aussage für dich richtig ist: Viele unserer Kunden ...«

Das Feedback der Befragten wird dann im nächsten Schritt eingearbeitet. Hier hängt es von den Ergebnissen ab, wie lange Sie dafür benötigen. Es sollten jedoch nicht mehr als 15 Minuten sein.

Teil 2: Die Wünsche der Kunden herausarbeiten

Der nächste Schritt ist einfacher. Das Team hat hier die Aufgabe, das Ziel der Kundengruppe herauszuarbeiten. Das Vorgehen entspricht dem in Teil 1:

1. Arbeit in Kleingruppen (30 Minuten)
2. Abgleich der Ergebnisse (20 Minuten)
3. Verprobung mit Kollegen, die an der Diskussion bisher nicht teilgenommen haben (10 Minuten)

Auch hier gibt es Sätze, die bei der Formulierung helfen.

- Was unsere Kunden wollen: ...
- Dabei geht es darum: ...
- Das Ziel ist ...

FORTSETZUNG DES BEISPIELS

Im Falle unseres Personaldienstleisters könnte das Ziel im Mission Statement so lauten: »Dabei ist das Ziel, in kurzer Zeit mit geringem Aufwand geeignete Talente zu finden, um Wachstum absichern und strategische Ziele dauerhaft verfolgen zu können.«

Auch hier funktioniert der Vergleich mit dem Arzt-Beispiel. Lassen Sie die folgenden Aussagen kurz auf sich wirken:

- »Sie werden sehen, Sie werden gesund!«
- »Ich kenne diese Schmerzen und kann nachvollziehen, wie sehr Sie das beeinträchtigt. Aber Sie werden sehen, Sie werden gesund!«

Für die meisten Menschen ist die zweite Aussage glaubwürdiger als die erste. Das hat einen einfachen Grund: In Verbindung mit dem auf den Punkt gebrachten Schmerz wirkt die Zielformulierung wesentlich stärker als ohne. Zur Zuschreibung der Kompetenz (= Verstehen des Problems) kommt nun die Zuversicht (= Ziel).

Teil 3: Warum wir? Der feine Unterschied

Sie haben nun in circa 2 Stunden das Problem und das übergeordnete Ziel ihrer Zielgruppe erarbeitet. Jetzt fehlt nur mehr ein Schritt. Hier geht es darum, dem Kunden klar zu machen, warum genau Sie, Ihr Team, Ihr Unternehmen das beschriebene Ziel besonders gut realisieren können. Befreien Sie sich von der Last, einzigartige Stärken zu suchen und zu finden. Nur wenige verfügen tatsächlich über sie. Machen Sie sich auf die Suche nach glaubhaften und ausgeprägten Stärken, die Sie befähigen, die Probleme der Kunden richtig gut zu lösen. Genau diese bilden den dritten Teil des agil formulierten Mission Statements.

Teil 3 Step 1: Stärken sammeln

Die Aufgabe für Ihr Team: Sammeln Sie in maximal 20 Minuten all das, was Ihre Expertise und Arbeit auszeichnet. Legen Sie Wert darauf, dass es relevante Stärken sind. Hier können auch Statements von Top-Kunden weiterhelfen. Wenn Sie es nicht schon gemacht haben, fragen Sie diese, warum sie gerne und vertrauensvoll mit Ihnen arbeiten. Fragen Sie ruhig detailliert nach, welche Kompetenzen oder Qualitäten sie besonders schätzen.

Teil 3 Step 2: Stärken kategorisieren

Kategorisieren Sie die Sammlung der Stärken gemeinsam im Team in die folgenden drei Gruppen (10 Minuten):

1. **Me too:** Können wir gut, können aber viele andere auch. Diese Gruppe benötigen Sie nicht für die Missionsformulierung, denn vermutlich sind hier nur sogenannte Grundvoraussetzungen enthalten.
2. **Stärke:** Können wir besser als viele andere. Diese Stärken sind zwar hilfreich, reichen aber noch nicht für eine starke Positionierung aus. Sie sind noch zu austauschbar, obwohl es für Konkurrenten schon schwieriger ist, diese Stärken einfach zu kopieren. Zum Beispiel Referenzen für besonders anspruchsvolle Projekte oder eine lange gemeinsame

Geschichte und persönliches Vertrauen, das Ihre Position bei diesen Kunden stärkt.

3. **Relevanter Vorsprung:** Können wir besser als die meisten. Es ist vorteilhaft, wenn es Ihnen und dem Team gelingt, in dieser Kategorie zwei bis drei Stärken zu identifizieren, die nicht nur mit Prozessexzellenz zu tun haben wie z. B. bessere Logistik, schlankeres Management, agileres Team. Für einen relevanten Vorsprung vor Ihren Mitbewerbern benötigen Sie entweder Tools, die sonst keiner hat, oder Experten, die z. B. eine besondere Methode entwickelt haben.

Step 3: Leuchtturm-Referenzen finden

Notieren Sie in circa 20 Minuten zwei bis drei knackige Erfolgsbeispiele, die Ihnen nur gelungen sind, weil Sie über besonderes Know-how, wie oben unter Nr. 3 beschrieben, verfügen. Begründen Sie damit die Stärke.

Step 4: Ausformulierung der Stärken

Formulieren Sie nun in circa 10 Minuten orientiert an den Vorsprungs-Stärken, die Sie herausgearbeitet haben, Teil 3 des Mission Statements. Der IT-Personaldienstleister aus dem Beispiel oben könnte es z. B. so festhalten:

»Wir haben mehrfach bewiesen, dass wir durch die Gestaltung unserer Anzeigen, unsere eigene Experten-Software und den verbesserten Prozess genau das (= Zielformulierung) schaffen!«

Mit dem »mehrfach bewiesen« adressieren Sie die Glaubwürdigkeit und verstärken diese durch die konkrete Nennung von Anzeigengestaltung, Auswahl und Software.

Anschließend wird die Wirkung des Statements getestet mithilfe von Kollegen, die an der Diskussion bisher nicht teilgenommen haben.

Viraler Schneeball

Viraler Schneeball in Stichworten

Ein legales Schneeballsystem wird genutzt, um Veränderungen in Unternehmen voranzubringen. Die Methode fördert den Austausch und die Zusammenarbeit der Mitarbeiter über die Abteilungsgrenzen hinaus. Hilft beim Aufbau einer Feedbackkultur und bringt Empathie und Wertschätzung den Mitarbeitern gegenüber ins Unternehmen. Ängste bei Veränderungen können adressiert und mit einfachen Coachingfragen bearbeitet werden. Eigenverantwortung der Mitarbeiter wird gestärkt. Unterstützt ein Unternehmen als lernende Organisation.

Wofür ist der virale Schneeball geeignet?

Schneeballsysteme haben einen zweifelhaften Ruf. Im Vertrieb sind sie sogar verboten. Der hier beschriebene virale Schneeball ist es nicht. Im Gegenteil: Er hat viele positive Wirkungen. Wir nutzen diese Schneeballmethode, um für eine schnelle Verbreitung einer neuen Haltung, Botschaft oder auch eines Mindsets zu sorgen. Dabei werden Coaching- und Kommunikationstechniken aus dem systemischen und lösungsfokussierten Coaching eingesetzt, die einfach und sehr leicht anwendbar und so für jeden handhabbar sind.

Ziel der Methode ist es, Change mit Begeisterung und Wertschätzung für jeden einzelnen anzuschieben. Das Tool basiert auf Freiwilligkeit und ist co-creativ, da abteilungsübergreifend basierend auf innovativen Methoden gearbeitet wird. Es geht um Austausch, nicht um Zwang. Eine Gruppe von Personen startet mit der Verbreitung des Neuen. Jede Woche werden weitere Fürsprecher auf freiwilliger Basis gewonnen, die ihrerseits wiederum für Verbreitung sorgen. So kommt der Schneeball ins Rollen und schafft es so innerhalb weniger Wochen, eine große Anzahl von Menschen für die Neuerungen zu sensibilisieren. Die Teilnehmenden erhalten einen Leitfaden für das Ausrollen der Methode inklusive lösungsfokussierter Coachingfragen. Diese Fragen bringen Empathie und Wertschätzung von Mensch zu Mensch ins Spiel und jeden Mitarbeiter – wenn er will – einen Schritt weiter.

Wie funktioniert der virale Schneeball?

Den Schneeball ins Rollen bringen sieben Personen, die sich freiwillig melden. Diese Sieben sollten nicht nur für das Projekt »brennen«, sondern bestenfalls auch die Fähigkeit haben, Menschen mitzureißen und zu begeistern. Wir nutzen bei dieser Methode das Gesetz der Wenigen, um etwas Neues anzuschieben.

Je nach Unternehmensgröße sind für das Schneeball-Projekt 7 oder 12 Wochen einzukalkulieren. Die ersten sieben Personen bekommen einen Leitfaden mit verschiedenen Tools ausgehändigt. Zudem wird in einem Briefing sichergestellt, dass das Ziel des Changes von diesen auch wirklich verstanden und verinnerlicht wurde.

Auch wenn der CEO dieses Ziel schon öffentlich verkündet hat oder es im Intranet nachzulesen ist, ist der virale Schneeball trotzdem noch sinnvoll. Denn mit diesem Tool gehen wir auf Tuchfühlung und holen den Einzelnen für den Change ab. Ein weiteres Ziel ist eine Kultur mit eigenverantwortlich handelnden und glücklichen Mitarbeitern. Die ersten Sieben nennen wir fortan auch Glücksagenten, denn sie verbreiten als Erste die frohe Botschaft und gehen auf Follower-Suche.

Das Schneeball-Prinzip

Woche 1: Die Glücksagenten starten. Zu Beginn sucht sich jeder Agent eine andere Person im Unternehmen, um mit dieser in Austausch zum Change zu gehen. Dieser Austausch findet für circa 45 bis 60 Minuten statt. Bestenfalls überzeugt der Agent seinen Gesprächspartner und macht ihn ebenfalls zum Glücksagenten und damit zum Follower. Doch auch der konstruktive Austausch zum Thema, ohne den anderen als Follower zu gewinnen, genügt bereits. Denn es zählt allein der Austausch; es gibt keinen Zwang.

> Ganz nebenbei werden mit diesem Tool neue Netzwerke gesponnen und die Zusammenarbeit wird gestärkt.

Können die ersten Sieben in Woche 1 nur je einen anderen Menschen überzeugen, sind es in Woche 2 bereits 14 Glücksagenten. Wenn es weniger sind, ist das auch kein Problem. Jede Zahl ist recht, denn das Schneeballprinzip sorgt auch so für eine rasche Verbreitung der Neuigkeiten.

Der Schneeball kommt ins Rollen. Vielleicht haben wir in Woche 3 bereits 28 Glücksagenten, weil die 14 aus der Woche zuvor jeweils einen neuen Follower überzeugen konnten.

Der Schneeball nimmt Fahrt auf. In Woche 4 können es insgesamt bereits 56 Glücksagenten sein, in Woche 5 schon 112 und so weiter. Schnell erreichen wir so Zahlen im Tausender-Bereich.

Leitfaden für Glücksagenten

Der folgende Leitfaden stellt sicher, dass die Neuerungen wertschätzend und auf Augenhöhe weitergegeben werden.

Schritt 1: Das persönliche Geschenk

Erst geben, dann nehmen! Hier geht es erst einmal darum, etwas Selbstloses zu tun, ohne eine Gegenleistung zu erwarten. Dies erfordert, dass ich mich vorher mit dem anderen beschäftigt habe, Infos über ihn eingeholt habe, um herauszufinden, was ihm etwas geben könnte. Oder ich höre ihm im Gespräch aufmerksam zu, was ihm wichtig ist.

Beispiele für Geschenke im Business-Kontext: Wirklich zuhören. Etwas posten. Eine nette Karte schicken. Zum Kaffee einladen. Ein Problem für den anderen lösen. Die Person mit einer anderen Person vernetzen. Hier sind der Kreativität keine Grenzen gesetzt.

Schritt 2: Drei Fragen zum Glück

Die Glücksagenten implementieren ein neues Ritual: die drei Fragen zum Glück, mit deren Hilfe man den Gesprächspartner für eine lösungsorientierte Denkweise öffnen kann. Sie wurden vom Psychologen Luc Isebeart inspiriert:

1. Was hast du heute getan, was dich zufrieden gemacht hat? Wodurch du mit dir selbst zufrieden bist?
2. Was hat jemand anderes getan, das dich zufrieden gemacht hat? Wie kannst du darauf reagieren, sodass es wahrscheinlicher wird, dass die Person es wiederholt?
3. Was ist sonst noch passiert, womit du zufrieden bist?

Schritt 3: Change-Thema skizzieren

Der Glücksagent skizziert das Change-Thema und erläutert es seinem Gegenüber. Dabei ist er offen für Fragen und jegliche Skepsis. Das bedeutet wirkliche Kommunikation, also einen Dialog, und nicht bloß reine Information. Hierbei bietet sich die

Kommunikationstechnik des Loop of Understanding an. Dieser Loop erfordert drei Schritte:

1. Aufmerksam zuhören. Wirklich beim anderen sein. Sich auf den anderen fokussieren.
2. Das vom Gegenüber Gesagte in eigenen Worten wiederholen. Diese Schleife, diesen Loop für den anderen zu drehen, ist wichtig, um sicherzugehen, dass man ihn richtig verstanden hat. Dies initiiert das sog. Yes-Set: Der andere stimmt zu. Wenn das Gesagte aber falsch wiedergegeben wurde und ein »Nein« kommt, versucht der Glücksagent es nochmals, bis er es richtig verstanden hat.
3. Erst jetzt kann der Glücksagent eine weiterführende Frage stellen oder weitere Informationen geben, um dann erneut zu loopen.

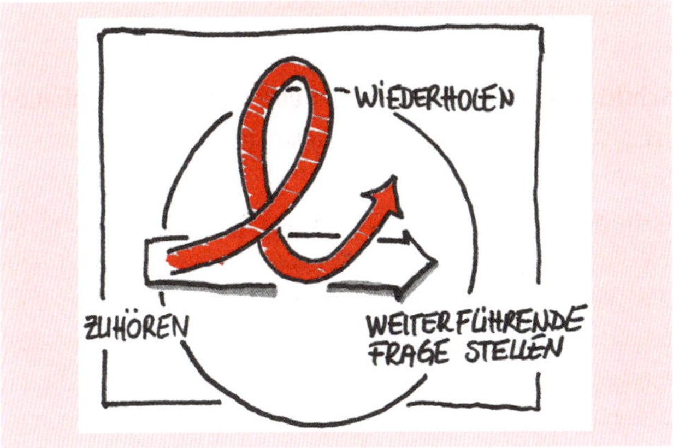

Loop of Understanding

Mithilfe des Loops of Understanding zeigen Sie Empathie und Wertschätzung. Sie schlüpfen in die Schuhe des anderen, um ihn zu verstehen und abzuholen. Sie machen dem anderen ehrlich gemeinte Komplimente, indem Sie ihm z.B. Ihre Wertschätzung für etwas Bestimmtes zeigen oder etwas anderes Positives zu ihm sagen.

Schritt 4: Skalierungsfrage

Der Glücksagent ermittelt in diesem Schritt, ob seine Überzeugungsarbeit bereits Früchte trägt. Besonders gut geht das mit Skalierungsfragen.

BEISPIEL: SKALIERUNGSFRAGE

Auf einer Skala von 1 bis 10 – wenn 1 heißt: »so gut wie gar nicht« und 10: »100 %«: Wie überzeugt bist du vom Change-Vorhaben XY? Was bräuchtest du, um auf der Skala einen Schritt weiter nach vorne zu kommen, also um mitzugehen bei dem Projekt? ... Was noch?

Schritt 5: Angst und Widerstand überwinden bzw. abbauen

Jetzt ist der Glücksagent an der Reihe, eine eigene persönliche Story zu erzählen. Es geht darum, etwas von sich zu offenbaren: die eigenen Ängste und Widerstände gegen das Neue und mit welcher Haltung man sie letztlich überwunden hat. Damit zeigt der Glücksagent seine eigene Verletzlichkeit. Das wiederum schafft Vertrauen beim Gegenüber. Jeder hat solche Geschichten erlebt, so z.B. auch der große Dichter Goethe. Er hatte Höhenangst. Um diese zu überwinden, stieg er auf Kirchtürme. Die Haltung dahinter: Es gibt keinen Widerstand ohne Grund.

Jede Veränderung ist widerstandsbehaftet. Und Widerstand ist oft eine Bewältigungsstrategie für Angst. Angst können wir nur überwinden, wenn wir in die Angst hinein gehen und diesen Schritt mutig tun wie Goethe.

Am Ende der Session bedankt sich der Glücksagent bei seinem Gesprächspartner für die Offenheit und das Vertrauen, das er ihm geschenkt hat, und auch für die Zeit, die er sich dafür genommen hat.

Die Treffen dauern 45 bis maximal 60 Minuten. In den letzten 10 Minuten wird der Leitfaden für die weitere Verbreitung des Schneeballs erläutert.

Schritt 6: Feedback (optional)

Nach der Session wird eine kurze E-Mail an den Gesprächspartner geschrieben. Strukturiert werden kann die Nachricht anhand folgender Fragen:

- Was habe ich beobachtet?
- Wie habe ich mich dabei gefühlt?
- Wie ging es mir damit?
- Was wünsche ich mir von dir oder was wünsche ich dir?

Das dient dazu, dem Gegenüber nochmals Anerkennung und Feedback zu geben.

Voraussetzungen für die Anwendung

Dieses Tool setzt einen gewissen Reifegrad des Managements und auch des Unternehmens voraus. Zusammenarbeit auf Augenhöhe und eine wertschätzende Grundhaltung sind unabdingbar, da der virale Schneeball darauf aufbaut. Eventuell begleiten ausgewählte agile Coaches das Vorhaben und stehen für Verständnisfragen etc. zur Verfügung. Zudem braucht es für die virale Verbreitung das »Go« vom Vorstand, da sie ja immerhin einige Stunden Zeit in Anspruch nimmt.

Weiterführende Quellen

Isebaert, Luc, Kurzzeittherapie – ein praktisches Handbuch, 2. Aufl. 2009.

Inspiriert wurde diese Methode vom Film »Das Glücksprinzip« (Originaltitel: Pay It Forward), 2000.

Die agilen Prozesse

Agiles Arbeiten braucht einen organisatorischen Rahmen, in den es eingebettet ist. Nur wenn diese Makroebene vorhanden ist, lässt sich Agilität im Unternehmen implementieren. In diesem Kapitel stellen wir Ihnen fünf agile Frameworks und Prozesse vor:

- Scrum,
- agiles Coaching,
- Design Thinking,
- Objectives and Key Results,
- Lean Startup.

Scrum

Scrum ist kein Modell, das einen konkreten agilen Prozess vorgibt, sondern nur ein Rahmenwerk, ein Framework für das agile Prozessmanagement. Deswegen schreibt es auch keine bestimmten Techniken zum Einsatz im Projekt vor, sondern nur einfache Rahmenbedingungen, wie z. B. die Projektrollen und einen Prozessablauf.

Jeder kann Scrum rasch lernen. Allerdings braucht es Beharrlichkeit und Disziplin, um die Methode richtig anzuwenden. Dafür gibt es reichlich Lohn: Wann immer im Management, in der Produktentwicklung oder sonstigen Fragestellungen viel unbekannt ist, viele Einflussfaktoren zu berücksichtigen sind und viel Know-how für die Lösung der Aufgabenstellung gefordert ist, werden Sie mit Scrum deutlich erfolgreicher sein als mit alten Methoden.

Inzwischen werden über 85 % aller Software-Projekte mit der Scrum-Methode realisiert. Kein Wunder, denn Scrum bietet im Vergleich zur klassischen Wasserfallmethode, die früher zur Anwendung kam, wesentliche Vorteile: Der Kunde wird von Anfang an in die Entwicklung miteingebunden, durch kontinuierliche Feedback-Schleifen wird abgesichert, dass man seinen Erwartungen Rechnung trägt und das Produkt in die richtige Richtung entwickelt. Schon während der Entwicklung der Software kann der Kunde Teilprodukte testen, Minimum Viable Products genannt. Das spart Zeit und Kosten.

Mehr Flexibilität in unsicheren Zeiten

Doch Scrum ist nicht nur für die Softwareentwicklung relevant. Auch in anderen Bereichen kann man von dieser Methode profitieren, und zwar überall dort, wo man sich auf Neuland bewegt, die Einflussfaktoren schwer abschätzbar und vor allem die Auswirkungen nur sehr eingeschränkt oder nur kurzfristig vorhersehbar sind. Vielleicht stehen Sie vor komplexen Aufgabenstellungen, wie z. B. der Erschließung eines neuen Marktes für Ihre Produkte? Vielleicht überlegen Sie gerade, welche Dienstleistungen Ihren Kunden zukünftig höheren Mehrwert bringen? Oder haben Sie den Entschluss getroffen, dass Sie neue, innovative Produkte brauchen, um auch in der Zukunft Ihre Marktposition beizubehalten?

Stehen Sie vor solchen entscheidenden Weichenstellungen, brauchen Sie Flexibilität und eine Methode, die der mangelnden Planbarkeit solcher Vorhaben und all den Unwägbarkeiten Rechnung trägt. Denn klar ist: Nicht nur Software-Projekte können an mangelnder Flexibilität scheitern, sondern auch andere Produktentwicklungen, ganze Unternehmen, Branchen oder gar Marktwirtschaften.

Neue Entwicklungen können sich schnell als teure Fehlentwicklungen entpuppen. Diese Erfahrung mussten auch heute erfolgreiche Firmen machen: Apple konnte sich 1983 nicht mit Lisa und 1993 nicht mit dem Newton Tab und 1999 nicht mit dem Cube durchsetzen. Facebook scheiterte 2013 mit dem Facebook

Phone. Samsung war zwar mit dem explosiven Smartphone Note7 rasch am Markt, hatte es aber nicht ausreichend getestet. Der Schaden: minus 17 Milliarden Dollar Börsenwert.

Im Rückblick gab es auch viele innovative Produkte, die zwar keine Fehlentwicklungen waren, aber ihrer Zeit so viel voraus, dass sie damals keiner wollte. Dazu zählt beispielsweise die Brille Google-Glass aus dem Jahr 2013, ein Vorläufer der Virtual-Reality-Brillen, oder EV1, das erste elektronische Share-Auto. Sowohl das Geschäftsmodell als auch der Antrieb waren der Zeit zu weit voraus. Noch schlimmer erwischte es Kodak. Das Unternehmen hatte zwar die erste digitale Kamera am Markt, war aber als Organisation nicht agil genug, dieses geniale Konzept zu verwerten. Das machten dann andere und Kodak ist heute Geschichte. Das vom Philosophen Herbert Spencer formulierte Prinzip des »Survival of the Fittest« erweist sich auch in der Wirtschaft immer wieder als richtig.

Mehr Flexibilität durch Scrum

Mit der Scrum-Methode können komplexe Probleme rascher, schlanker und effizienter gelöst werden. Scrum kann bei unterschiedlichsten Aufgabenstellungen Anwendung finden. Auch Meetings gehören dazu (siehe hierzu Kapitel »Sprint Meetings«).

Kompakt zusammengefasst kann Scrum wie folgt charakterisiert werden als:

- ein schlankes Vorgehen,
- einfach zu verstehen,
- aber gar nicht so einfach anzuwenden.

Wie Scrum funktioniert – ein Überblick

Scrum schreibt keine konkrete Vorgehensweise oder Techniken vor; es ist nur ein Rahmenwerk für agiles Prozessmanagement. Bei seiner Umsetzung haben die Anwender also viel Spielraum.

Eine Ausnahme von dieser Freiheit existiert jedoch: Scrum hat ein klares Rollenkonzept, das unbedingt befolgt werden sollte.

Die Rolle des Product Owners

Der Product Owner ist das Bindeglied zwischen Markt bzw. Kunden und Entwicklung. Bringt eine Entwicklung der Zielgruppe tatsächlich einen Mehrwert und das auf so komfortable Weise, dass das Produkt oder die Leistung auch eingesetzt wird? Diese Frage zu beantworten, ist die Kernaufgabe des Product Owners: Er muss die Anforderungen der Anspruchsgruppen und Kunden genau kennen und konsequent dafür sorgen, dass sie in die laufende Entwicklung einfließen. Die Anforderungen an das Produkt beschreibt der Product Owner in sog. User Stories, also Anwendungsfällen. Im Sprint entscheidet der Product Owner, ob alle Anforderungen erfüllt wurden, und nicht die Entwickler.

In den eigentlichen Entwicklungsprozess greift er nicht ein. Er sollte aber jederzeit für Fragen aus dem Entwicklungsteam zur Verfügung zu stehen.

Damit Product Owner diesen Aufgaben gewachsen sind, sollten sie über folgende Skills und Kompetenzen verfügen:

- Kenntnis des speziellen Marktes
- Entscheidungskompetenz, ohne dass das Management sich einmischt
- Verfügbarkeit für das Team, um Fragen beantworten zu können und zu erklären, was es braucht
- Verantwortung für das Endprodukt im Markt, häufig inklusive Markterfolg

Die Rolle des Scrum Masters

Scrum Master sind die »Prozessdienstleister« des Scrum Teams. Sie organisieren die Kommunikation zwischen den Rollen und stellen sicher, dass die Scrum-Events in der Form ablaufen, wie es vorgesehen ist.

Sie achten auf die Einhaltung der agilen Werte und der agilen Prinzipien innerhalb des Scrum. Sie sorgen dafür, dass alle nötigen Ressourcen verfügbar sind und Hindernisse und Hürden beseitigt werden, sodass das Entwicklungsteam ungestört und effizient arbeiten kann. Sie sind Moderatoren und keine disziplinarischen Führungskräfte, sind niemandem vorgesetzt und treffen auch keine inhaltlichen Entscheidungen.

Das Entwicklungsteam

Das Entwicklungsteam setzt die im Product Backlog abgebildeten Anforderungen um. Bis zu neun Expertinnen und Experten bilden ein Entwicklungsteam. Die Zusammensetzung des Teams hängt natürlich vom Projektziel ab. Ist das Ziel z.B. ein komplexer Logistik-Vertrag, wird man Juristen und Logistiker benötigen. Geht es um die Automatisierung eines Vertriebsprozesses, braucht es Vertriebsspezialisten, Online-Marketing-Experten, Fachleute für CRM, Produktspezialisten und eventuell Software-Experten für Schnittstellen.

Es gibt innerhalb des Teams keine Hierarchien. Die Teammitglieder arbeiten selbst organisiert und eigenverantwortlich an den Sprint-Zielen. Nur bei Konflikten, Hindernissen etc. unterstützt der Scrum Master.

Diese Vorgehensweise ist vor allem für solche Teams eine Herausforderung, die bisher in einer klassischen Projektmanagement-Umgebung gearbeitet haben. Sich selbst zu managen, bedeutet höhere Eigeninitiative und Eigenverantwortung für jeden im Team. Hier hilft der Einsatz von agilen Coaches (siehe Kapitel »Agiles Coaching«). Sie unterstützen neue Scrum Teams dabei, sich schneller in agile Denk- und Handlungsweisen einzufinden.

Das Scrum Team

Der Product Owner, der Scrum Master und das Entwicklungsteam bilden zusammen das Scrum Team.

Product Backlog

Das Product Backlog enthält alle Anforderungen, die letztlich später das Produkt ergeben. Diese sind ausschließlich aus Kundensicht beschrieben, und zwar als sog. User Stories. Das sind einfache Beschreibungen, was der Anwender beim Einsatz des Produktes damit machen kann. Hier kommt die Technik des Storytellings zum Einsatz (näher dazu das gleichnamige Kapitel): Eine User Story sollte eine gute Geschichte sein. Sie sollte einen Spannungsbogen aufweisen und am besten einen Helden beschreiben, der eine Wandlung hin zum Positiven erlebt.

Eine beliebte Vorlage für User Stories: Als Nutzer/Anwender des [Produkts] möchte ich Folgendes tun können [Anforderung], damit [der spezifische Nutzen der Anwendung für den Anwender].

Befolgt man streng die Scrum-Methode, sind die Einträge im Backlog nach Relevanz geordnet. Der Kunde muss dann angeben, wie er die Anforderungen priorisiert. Die wichtigste Anforderung steht im Backlog ganz oben, gefolgt von der zweitwichtigsten etc.

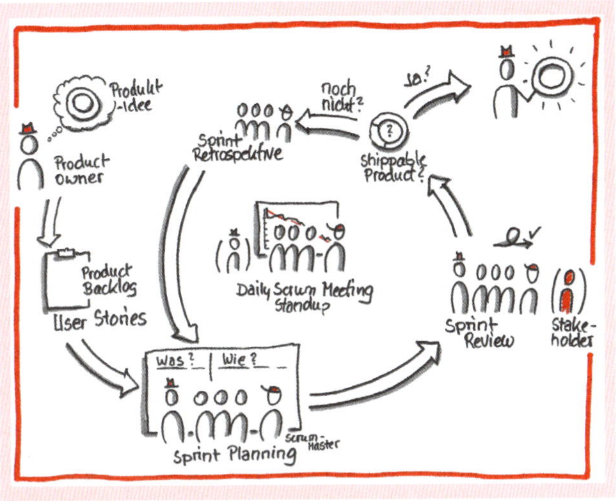

Scrum

Sprints

Sprints sind die Kernelemente im Scrum, denn der Hauptteil der Arbeit am Projekt findet in Sprints statt. Das sind wiederkehrende Prozesse, die einem festgelegten Ablauf und einem strengen Zeitgerüst folgen, bis das Endziel erreicht ist. Der wesentliche Unterschied zur Wasserfall-Methode: Nach jedem Sprint liegt bereits ein Ergebnis vor, das Kundennutzen stiftet. Durch die raschen und häufigen Iterationen können Fehlentwicklungen zeitig erkannt und Anwendererfahrungen bereits während der Entwicklung in die Arbeit integriert werden.

Das Sprint Planning Meeting

Doch bevor es überhaupt losgeht mit der Arbeit, muss man wissen, was man will. Zu Beginn eines Sprints wird daher in einem Sprint Planning Meeting festgelegt, welche Aufgaben aus dem Backlog, dem Aufgabenspeicher, im konkreten Sprint erledigt werden sollen. In diese Planung ist das gesamte Scrum Team miteinbezogen.

Der Scrum Master ist dafür verantwortlich, dass die Formalien des Sprint Plannings beachtet werden. Das betrifft auch die Einhaltung der Zeit. Wie so oft im Agilen findet in diesem Meeting wieder die Timeboxing-Technik Anwendung (siehe dazu ausführlich das Kapitel »Sprint Meetings«). Bei einem Sprint von einem Monat sind für das Sprint Planning insgesamt acht Stunden vorgesehen, ansonsten entsprechend weniger.

In diesem Teil des Meetings übernimmt der Product Owner die Führung. Als Bindeglied zu Markt und Kunden entscheidet er, was in welcher Reihenfolge abgeliefert wird.

Das Entwicklungsteam ist verantwortlich dafür, einzuschätzen, welche Anforderungen im Sprint erledigt werden können. Wichtig ist, dass das gesamte Scrum Team die Anforderungen auch versteht. Denn nur so kommt man zur gemeinsamen Definition of Done. Das ist jene Beschreibung, an der letztlich gemessen wird, ob das angestrebte Ergebnis erreicht wurde oder nicht. Falls dem Team unklar ist, welche Eigenschaften genau der

Kunde sich unter einem bestimmten Backlog-Eintrag vorstellt, ist es Aufgabe des Product Owners, Licht ins Dunkel zu bringen.

Gemeinsam werden die Anforderungen analysiert und diskutiert, und es werden die Techniken und Tools ausgewählt, mit denen man das Ergebnis erreichen möchte. Am Ende des Sprint Plannings ist jedem im Scrum Team klar, wie das Teilprodukt, auch Inkrement genannt, am Ende des Sprints aussehen soll und wie dieses Ziel vom Entwicklungsteam erreicht wird.

Die vereinbarten Aufgaben für den jeweiligen Sprint fließen in das sog. Sprint Backlog ein.

Arbeiten im Sprint

Nun beginnt die Umsetzung der geplanten und vereinbarten Aufgaben. Auch das funktioniert im Scrum strukturiert und diszipliniert und nicht beliebig.

Während dieser Phase ist es Aufgabe des Scrum Masters, dem Entwicklungsteam alle Hindernisse aus dem Weg zu räumen und dafür zu sorgen, dass alles nach den Scrum-Regeln abläuft. Dazu gehören auch Maßnahmen, die die Teamarbeit fördern: Gegenseitige Hilfestellung, Transparenz über die Beiträge des Einzelnen zum großen Ganzen, über Erfolge und Schwierigkeiten bilden die Grundlage für vertrauensvolle Co-Creation.

Scrum Board

Diese Transparenz wird vor allem durch Visualisierung der Arbeitsergebnisse und des Status-quo geschaffen. Dazu kommen Scrum Boards zum Einsatz, die ähnlich zu Kanban Boards (vgl. hierzu das Kapitel »Kanban«) den Arbeitsfortschritt im Sprint deutlich machen. Typische Scrum Boards sind aufgeteilt in folgende Segmente, durch die die Aufgaben bis zur erfolgreichen Erledigung wandern:

1. **Backlog:** Hier finden sich alle unbearbeiteten Tasks eines Sprints.
2. **Start:** In diese Spalte werden Aufgaben eingeordnet, für die die ersten Schritte zur Strukturierung bereits unternommen wurden.
3. **In Arbeit:** Dort finden sich Tasks, die gerade umgesetzt werden.
4. **Review:** Hier sind Tasks in der Testphase, zur Überprüfung und zur Einholung von Feedback.
5. **Done:** Hierhin gehören alle Aufgaben, die nach der vorab gemeinsam vereinbarten »Definition of Done« erledigt sind.

Die Aufgaben werden je nach Bearbeitungsstand von den Entwicklern auf dem Scrum Board in die entsprechenden Spalten verschoben, z. B. von »Review« zu »Done«. Dazu nutzen die meisten Scrum Teams unterstützende Software. Es gibt hier mittlerweile viele Anbieter, so z. B. Atlassian, Visual Paradigm etc.

Das Daily Scrum

Für die gemeinsame Ausrichtung braucht es aber mehr als Boards und Pläne. Ständiger Austausch und Interaktion sind mindestens genauso wichtig. Das geschieht in täglichen Meetings. Viele zucken zusammen, wenn sie das erste Mal davon hören: »Noch ein Meeting, und das sogar täglich?« Ja, noch ein Meeting, aber unter ganz besonderen Rahmenbedingungen und mit großem Nutzen sowohl für das Team als auch die Arbeit.

Ein Daily Stand-up, im Scrum auch als Daily Scrum bezeichnet, dauert 15 Minuten. Es ist findet im Stehen statt und immer zur gleichen Zeit, häufig gleich morgens. Die genaue Uhrzeit bestimmen die Mitglieder des Teams gemeinsam.

Der Ablauf ist immer gleich. Jeder beantwortet in circa 2 Minuten reihum folgende Fragen:

1. Welche Fortschritte habe ich seit dem letzten Daily gemacht?
2. Welche Herausforderungen und Hindernisse gab es?
3. Welche To-dos habe ich mir für heute vorgenommen?
4. Welche Unterstützung benötige ich?

Während des Meetings steht das Team vor dem Scrum Board, das die Aufgaben visualisiert. Der Moderator – meist der Scrum Master – sorgt für einen strukturierten Ablauf und für die Einhaltung der Zeitlimits.

Das Sprint Review

Das Sprint Review findet am Ende eines Sprints statt. In diesem Meeting wird den wichtigen Stakeholdern, insbesondere den Kunden, das im aktuellen Sprint entwickelte Teilprodukt präsentiert. Die Stakeholder werden so über den aktuellen Arbeitsstand des Projekts informiert. Und ganz wichtig: Sie können hier nachsteuern, falls ihnen das Teilergebnis nicht zusagt. Das Ergebnis eines Sprint Reviews kann also die Änderung des Product Backlogs sein. Das Sprint Review ist im agilen Scrum-Prozess sehr wichtig, denn es stellt sicher, dass Fehler und fehlende Eigenschaften des Produkts bereits in einem frühen Stadium erkannt werden und nicht erst am Ende des Entwicklungsprozesses oder gar bei der Auslieferung des Produkts.

> »Es ist ein großer Vorteil im Leben, die Fehler, aus denen man lernen kann, möglichst früh zu begehen«, sagte Winston Churchill einst. »Fail early – fail fast« – dieses Prinzip gilt auch im Scrum.

In einem Sprint Review soll und darf nur das gezeigt werden, was auch tatsächlich im Sprint geschaffen wurde.

Auch im Sprint Review begegnet uns wieder die Timeboxing-Technik: Pro Woche Sprint ist eine Stunde Sprint Review vorgesehen. Diese Zeit darf nicht überschritten werden.

Fakten statt Folien

Präsentieren bedeutet im Sprint Review vorführen und Fakten liefern. Die erstellten Teilprodukte werden beim Sprint Review im Einsatz gezeigt, Services werden simuliert, alles live, ohne

Netz und doppelten Boden. Damit unterscheidet sich das Sprint Review ganz wesentlich von den klassischen Steering Board Meetings in Wasserfall-Projekten. Wir haben die Erfahrung gemacht, dass für solche Meetings unproportional viel Zeit in umfangreiche Präsentationen und Dokumentationen investiert wird, um das hochkarätige Publikum entsprechend zu informieren ... oder es zu blenden – vor allem dann, wenn es im Projekt mal nicht ganz so rundläuft wie geplant.

Das geht im Scrum nicht, denn klare Aufgabe des Teams ist es hier, pro Sprint voll funktionsfähige Teilprodukte oder -Services zu entwickeln. Wenn das Ding nicht funktioniert, helfen auch die schönsten PowerPoint-Folien nicht.

Am Ende des Sprint Reviews steht die Vorbereitung des Product Backlogs für den nächsten Sprint.

Die Vorteile eines Sprint Reviews:

1. Rasches Feedback von den Stakeholdern, also vor allem den Kunden, für die weitere Entwicklung und Verbesserung: Letztlich können nur die Kunden entscheiden, ob etwas einen Mehrwert bringt, einfach anzuwenden ist oder ob noch Verbesserungsbedarf besteht.
2. Die Entwickler kommen mit den Kunden zusammen: Die direkte Kommunikation verhindert Missverständnisse und vermeidet Fehlentwicklungen.

3. Raschere Vermarktung von Teilleistungen: Es braucht nicht unbedingt von Anfang an die perfekte und umfassende Lösung. Wenn ein Teilprodukt einen Mehrwert liefert, kann man dafür auch Geld verlangen. Damit wird die Produkteinführungszeit drastisch verkürzt und das Investment rechnet sich wesentlich schneller. Ein gutes »Return on Investment«-Verhältnis ist immer attraktiv, nicht nur für Entscheidungsträger.

Rück- und Vorschau: Sprint Retrospectives

Zwischen dem Sprint Review des aktuellen Sprints und dem Sprint Planning des kommenden Sprints findet die Sprint Retrospective statt. Ziel dieses Meetings ist es, die Zusammenarbeit im Scrum Team inklusive der Prozesse und verwendeten Tools zu reflektieren und daraus konkrete Verbesserungsmaßnahmen für den kommenden Sprint abzuleiten. Der Begriff »Retrospective« ist daher nur zur Hälfte richtig. Denn Retrospective bedeutet Rückblick. In diesem Meeting geht es aber auch darum, herauszuarbeiten, was das Team zukünftig anders und besser machen will. Sprint Retrospectives sind daher ein fest verankerter kontinuierlicher Verbesserungsprozess im Scrum. Wir nennen in unserer Arbeit Retrospectives mittlerweile Prospectives, damit klar wird, dass es nicht um die Vergangenheit, sondern um die Zukunft geht.

Retrospective Meetings sollten bei einmonatigen Sprints maximal drei Stunden dauern.

Keep it simple!

Je einfacher, umso leichter umsetzbar, umso wirksamer. Orientiert an dieser Regel kommen Sprint Retrospectives mit drei simplen Fragen aus:

1. Was hat gut funktioniert und was behalten wir?
2. Was können wir besser machen?
3. Was vereinbaren wir konkret für den nächsten Sprint?

Wichtig: die Zeiteinteilung

Die Zeit für die Fragen sollte zu Beginn des Meetings klar eingeteilt werden. Sonst kann es vor allem bei ungeübten Teams leicht vorkommen, dass man sich in der zweiten Frage verliert und sogar nach Schuldigen sucht, anstatt gemeinsame Ideen für Verbesserungen zu entwickeln.

Verwenden Sie circa 30 % der Zeit auf die erste Frage. Stärken zu stärken ist ein wichtiger Erfolgsfaktor und hilft vor allem bei weniger erfolgreichen Sprints, die Motivation wieder aufzubauen.

50 % der Zeit sollten Sie auf Ideen verwenden, was Sie besser machen können bzw. was Sie dabei unterstützt, mehr Leistung und mehr Qualität zu erbringen.

Die restlichen 20 % der Zeit investieren Sie in die Auswahl der drei wirksamsten Maßnahmen. Am besten geschieht das durch eine einfache und demokratische Abstimmung via Punktebewertung. Wenn die Entscheidung etwas komplexer ist, können

Sie auch eine Matrix als Entscheidungsgrundlage verwenden, in der Sie z.B. eine Einteilung nach Wirksamkeit und Aufwand vornehmen.

Machen Sie mehr aus Ihren Meetings

Sie können Ihre Retro-/Prospectives mithilfe ein paar weiterer einfacher Tools mehrwertig anreichern.

Team-Feed-Forward

Bei diesem Tool haben wir das Wort Feedback in Feed-Forward umformuliert. Denn auch hier geht es nicht so sehr um einen Rückblick, was gut und schlecht lief. Es geht vielmehr um einen Blick in die Zukunft: wie das gemeinsame Arbeiten mehr Spaß und mehr Ergebnis bringen kann. Planen Sie für dieses Tool circa 30 Minuten ein.

Und so funktioniert das Team-Feed-Forward:

1. Jedes Teammitglied hängt im Raum einen Flipchart-Bogen auf, der mit seinem Namen versehen ist.
2. Jeder bekommt jeweils eine blaue und eine grüne Moderationskarte. Alle haben nun 10 Minuten Zeit für die folgende Aufgabe:
   - Auf die grünen Karten schreiben Sie, was Sie gerne jeweils von den anderen hätten, damit Sie selbst bessere Qualität und bessere Leistung erbringen können. Beginnen Sie die Karte mit dem Namen des Kollegen und den Worten »..., ich bitte dich ...« Ergänzen Sie dann, was Ihr Kollege, Ihre

Kollegin konkret tun kann, und setzen Sie Ihren Namen hinter den Satz. Ein Beispiel: »Max, ich bitte dich, mich bei Schwierigkeiten sofort zu informieren, damit ich dich unterstützen kann. Paula«

- Genauso gehen Sie bei den blauen Karten vor. Notieren Sie hier jedoch, was andere tun können, damit das ganze Team mehr Spaß hat. Ja, Spaß! Ein Beispiel: »Paula, ich bitte dich, Teammitglieder, die schlecht drauf sind, zu einer Runde Tischfußball einzuladen. Max«
- Nach Ablauf der Zeit kleben Sie die Karten auf die Charts der jeweils adressierten Teammitglieder.

3. Bilden Sie danach Zweier-Teams. Innerhalb dieser Teams wird besprochen, was von den Vorschlägen konkret umgesetzt werden soll. Jeweils nach 4 Minuten werden die Teams gewechselt.
4. Nach maximal vier Runden beenden Sie den Austausch. Es macht nichts, wenn nicht jeder mit jedem gesprochen hat. Bitten Sie um ein kurzes Blitzlicht und beenden Sie die Übung.

Mit dem Feed-Forward ermöglichen Sie eine schnelle und wirksame Teamentwicklung. Die Zusammenarbeit wird gestärkt, potenzielle Konflikte werden frühzeitig erkannt und viele davon gleich gelöst. Zusätzlich erhalten Sie damit einen wertschätzenden, entwicklungsorientierten Dialog aufrecht.

Circle of Influence and Concern

Diese Übung hilft, bei Schwierigkeiten, Problemen und Misserfolgen zu überlegen, wie das Team darauf Einfluss nehmen kann. Sie bietet sich vor allem dann an, wenn Zuständigkeiten nicht klar scheinen und zu viele ungewisse oder unbekannte Einflussfaktoren die Arbeit beeinträchtigen.

Zeichnen Sie auf ein Flipchart drei konzentrische Kreise, jeden so groß, dass Sie mehrere große Post-its oder mehrere kleine Moderationskärtchen darin anbringen können.

1. Benennen Sie die Kreise:
   - Probleme, die wir unter Kontrolle haben – der innerste Kreis
   - Probleme, die wir beeinflussen können – der mittlere Ring
   - Probleme, die wir nicht beeinflussen können – der äußere Ring.
2. Diskutieren und sammeln Sie die Erfahrungen aus dem letzten Sprint in Zweier-Gruppen und ordnen Sie diese den Kreisen zu (10 Minuten). Ein Beispiel: Leistungsträger wurden während des Sprints von den Linienführungskräften wegen anderer Projekte abberufen. Dieses Problem hat das Team nicht unter Kontrolle, kann es aber vielleicht beeinflussen.
3. Priorisieren Sie mittels einfacher Punktebewertung, auf welche drei Probleme des mittleren und äußeren Rings Sie sich konzentrieren wollen (3 Minuten).
4. Bilden Sie drei Gruppen. Diese haben die Aufgabe, für je eine Problemstellung aus dem äußersten Ring Maßnahmen

zu überlegen, wie das Sprint Team diese scheinbar nicht beeinflussbaren Probleme doch managen oder positiv beeinflussen kann.

5. Treffen Sie eine Vereinbarung zu den Maßnahmen. Ein Lösungsansatz für das in Nr. 2 genannte Beispiel könnte so aussehen: Die informellen und formellen Netzwerke im Unternehmen werden aktiv für ein klärendes Gespräch genutzt, um eine Lösung für den Wiederholungsfall zu finden.

Abwechslung schafft Kreativität

Wir wissen, dass die Umgebung einen wesentlichen Einfluss auf die Kreativität und die Ieenfindung hat. Daher ist gerade bei intensiven und anstrengenden Erlebnissen während des Sprints ein Ortswechsel angesagt. So haben wir Retrospective Meetings im Keller, auf Terrassen im Freien, in Cafes und sogar in Zugabteilen gemacht. Wichtig ist nur: Es muss dort ein ungestörter Dialog möglich sein.

Retrospectives können schnell langweilig werden. Neue Elemente erhalten das Interesse der Teilnehmenden und regen die Kreativität an. Alles ist erlaubt, was dem Team hilft, im Retrospective Meeting offen Themen anzusprechen und konstruktive Lösungen zu finden. Viele Anregungen finden Sie beispielsweise unter http://plans-for-retrospectives.com.

Von Scrum-Prinzipien profitieren

Bei der Übertragung der Methode auf Management-Aufgaben hilft es, sich an weiteren im Scrum-Framework eingebetteten Erfolgsmethoden zu orientieren.

Sich selbst organisierende Teams

Wenn Sie nicht wollen, dass Ihre Teammitglieder »das Hirn in der Garderobe abgeben«, geben Sie Ihnen Freiheit und vertrauen Sie darauf, dass sie sich innerhalb des Scrum-Rahmens wirksamer für die gestellten Aufgaben einsetzen.

Selbstorganisation lässt die Potenziale im Team deutlich zutage treten – und zwar viel stärker als in den überkommenen tayloristischen Systemen, in denen sich andere Gedanken darüber gemacht haben, wie die Arbeit am besten erledigt wird.

Selbstorganisation heißt:

- Das Team schätzt den Aufwand und die Komplexität von Aufgaben selber ein.
- Es entscheidet selbst, wie viel es pro Sprint/festgesetzter Zeit schaffen kann.
- Das Team wählt seine Methoden und sein Vorgehen selbst.
- Jedes Teammitglied ist für das Team und den Erfolg des Teams gleichermaßen verantwortlich.

One-Piece-Flow

Es liegt auf der Hand, dass der Wechsel zwischen Aufgaben zusätzlichen Aufwand erfordert, weil man sich gedanklich stets umorientieren muss – eine Effizienzbremse. Zudem treibt der permanente Wechsel die Fehlerquote in die Höhe. Wer nach dem One-Piece-Flow-Prinzip arbeitet, erledigt eine Aufgabe nach der anderen. Es unterstützt alle im Team, sich auf die Fertigstellung einer Aufgabe zu konzentrieren, bevor die nächste in Angriff genommen wird.

Der Deming Zyklus

Dieser Zyklus, der nach dem US-amerikanischen Physiker und Qualitätsmanagement-Experten William Edwards Deming benannt ist, ist ein Lern- und Verbesserungskreislauf. Er besteht aus vier Phasen, die hintereinander in ununterbrochener Reihenfolge ausgeführt werden, um eine kontunierliche Verbesserung und Optimierung zu erzielen. Nach dem vierten Schritt geht es also wieder von vorne los. Der Deming Zyklus ist die Grundlage aller kontinuierlichen Verbesserungsprozesse (KVP). Auch ein Scrum Sprint folgt diesen Phasen, die sich wie folgt aufgliedern:

- **Plan**: Vor der Umsetzung steht die Planung. Diese integriert auch bereits vorhandene Erfahrungswerte aus vorhergehenden »Act«-Phasen (siehe dazu unten), die für potenzielle Verbesserungen genutzt werden können. Im Scrum Sprint findet dazu das Sprint Planning Meeting statt.
- **Do**: Das ist nicht die Ausführung, sondern ein erster kurzer Probelauf, um schnell checken zu können, ob alles so funktioniert wie gedacht. Es ist eine Art Proof of Concept für die Vorgehensweise.

- **Check**: Das erste Vorgehen wird gründlich analysiert: Wurden die geplanten Ziele erreicht? Das Team definiert weitere Verbesserungsmöglichkeiten, falls erforderlich.
- **Act**: Hier werden die identifizierten Verbesserungsmöglichkeiten umgesetzt. Hindernisse werden durch den Scrum Master aus dem Weg geräumt. Das weitere Vorgehen wird festgelegt. Auch in der Act-Phase ist eine ständige Überprüfung vorgesehen. In den Sprint Retrospectives wird das weitere Vorgehen für den nächsten Sprint festgelegt.

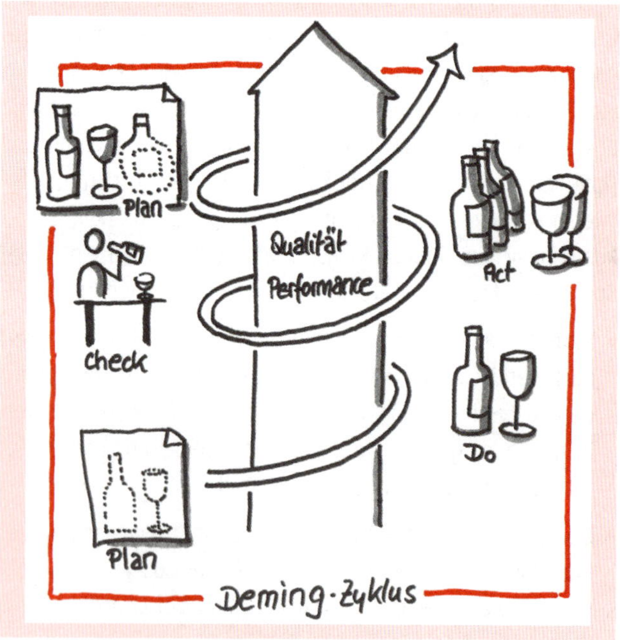

Verschwendung und Hindernisse identifizieren

Alles, was keinen Mehrwert für das Projekt liefert, wird vom Team identifiziert und abgestellt. Das können administrative Tätigkeiten sein, die nur der Absicherung und Ablage und nicht der Transparenz und Produktivität dienen. Darunter fallen zudem Prozessschritte, die nicht ökonomisch gestaltet sind, wie z. B. komplizierte Umwege in der Logistik, im Lager oder bei Entscheidungswegen.

Alles neu?

Scrum verwendet viele Elemente, die es in anderer Form auch früher schon gab. Die ersten Versuche mit autonomer Gruppenarbeit wurden bereits 1960 in Skandinavien unternommen. Diese Konzepte wurden kontinuierlich weiterentwickelt, und so sind tägliche, kurze Stehmeetings, Teamboards und andere Visualisierungen schon längst üblich in vielen Produktionshallen.

Auch das Bestreben, schnellere und kürzere Entwicklungszyklen zu organisieren, ist nichts Neues. Bei der Entwicklung von Modellvarianten in der automotiven Industrie oder bei Smartphones ist es bereits seit vielen Jahren gelebte Praxis, dass das Nachfolgemodell von den Erfahrungen mit dem Vorgängermodell profitiert.

Allerdings finden diese Methoden nur zögerlich Einzug in den sogenannten White-Collar-Bereichen. In vielen Unternehmen ist es selbstverständlich, dass im Produktionsbereich ständige

Verbesserungen mit Kennzahlen nachgewiesen werden müssen. In den typischen Verwaltungs- und Managementbereichen ist das nicht der Fall. Nur wenige Unternehmen haben z. B. der Finanzabteilung, Buchhaltung oder dem Personalwesen usw. jährliche Effizienzsteigerungen in den Leistungsprozessen vorgeschrieben.

BEISPIEL

Dass das durchaus Sinn macht, demonstriert ein österreichischer Stahlkonzern, der mit seinem »Operational Excellence«-Programm alle Leistungsbereiche dazu verpflichtet, relevante Effinzienz- und Produktivitätssteigerungen anhand von konkreten KPI nachzuweisen.

Das Arbeiten mit Scrum-Elementen, wie z. B. regelmäßigen Retrospective-Meetings, in allen Arbeitsbereichen und -umgebungen kann durchaus für bessere Ergebnisse sorgen und damit auch mehr Spaß bringen. Da bleibt nur mehr die Frage: Wann starten Sie?

Agiles Coaching

Die Bezeichnung »Agile Coach« (im Deutschen: agiler Coach) ist nach allgemeinem Coaching-Verständnis etwas irreführend. Unter einem Coach versteht man im deutschsprachigen Raum einen absichtslosen Prozessbegleiter, der seinen Coachee mithilfe verschiedener Interventionen, Techniken und Fragestellungen dabei unterstützt, selbst Lösungen zu entwickeln.

Für uns hat ein Agile Coach noch viel mehr Rollen als diese. Er ist eine Person, die Organisationen, Teams und Einzelpersonen dabei unterstützt, anpassungsfähiger und lernfähiger zu werden. Daraus wird schon klar, dass es sich um mehr als reines Coaching im systemischen Sinne handelt. Der Agile Coach beherrscht viele Spielarten. Er ist Trainer, Coach sowie auch Facilitator, Organisationsentwickler und Mentor, und je nach Bedarf unterstützt er in fachlicher Hinsicht. Dabei wahrt er die neutrale Haltung eines Coaches – was angesichts seines übrigen Aufgabenspektrums eine Herausforderung ist.

Agile Coaches sind häufig erfahrene Experten mit fundiertem fachlichem Background, die seit vielen Jahren mit agilen Methoden und Theorien vertraut sind. Oft haben Agile Coaches als Scrum Master begonnen und über viele Jahre hinweg Teams begleitet.

All dies macht deutlich: Die Bezeichnung »Agile Coach« ist ein Überbegriff, der eine Vielzahl von Rollen und Aufgaben miteinander verbindet. Der agile Coach kennt sich mit agilen Methoden, wie beispielsweise Scrum, sowie Techniken, Werten und Prinzipien aus und unterstützt seine Coachees (meist eher Teams, Abteilungen, Projektgruppen oder Organisationen) dabei, agile Arbeitsweisen zu erlernen und agile Werte zu verinnerlichen. Zusätzlich zu seinem breiten Methodenwissen verfügt ein erfahrener Agile Coach über relevantes Wissen psychologischer Zusammenhänge. Da die Berufsbezeichnung »Coach« nicht geschützt ist, ist es oft schwer zu beurteilen, ob jemand ausreichend qualifiziert genug ist. Aussagekräftige Kritierien sind eine abgeschlossene mehrjährige Coachingausbildung und umfangreiche Praxiserfahrung.

Welche Kompetenzen und Fähigkeiten ein Agile Coach haben sollte	
Beratung und Anleitung	Er begleitet Teams auf dem Weg zu einem leistungsstarken Team. Er kennt sich aus mit Teamzusammensetzung und -rollen und benötigten Kompetenzen.
Beherrschung agiler Methoden	Er kennt gängige agile Methoden und Prinzipien und hilft den Teams dabei, diese zu erlernen.
Motivation und Überzeugungskraft	Er schafft es, Teams und auch Führungskräfte für agile Methoden zu begeistern.
Wegbereiter	Er erkennt Hindernisse im Unternehmen und unterstützt Teams dabei, diese zu überwinden.
Breite Erfahrungspalette	Er ist erfahren in den Bereichen Moderation, Konfliktmanagement, Mediation, Coaching, Management Training und Business Management.
Persönlichkeit	Er ist team- und kooperationsfähig und verfügt über ein Agile-Leadership-Verständnis. Er kann sich schnell in Abläufe und Prozesse hineindenken und besitzt Ambiguitäts- und Frustrationstoleranz sowie die Fähigkeit zur Selbststeuerung. Er kann sein eigenes Verhalten reflektieren und differenziert bewerten.

Agile Coaching findet in der Praxis an mehreren Ansatzpunkten statt. Eine Möglichkeit ist, durch eine initiale Wissensvermittlung mit Trainings über agile Methoden zu starten. Gekoppelt daran kann anschließend auch eine Teamentwicklung nützlich sein, insbesondere wenn cross-funktional im agilen Projekt gearbeitet wird und die Coachees sich untereinander noch wenig bis gar nicht kennen. Darauf kann eine Begleitung beim Ausprobieren in der Praxis agiler Arbeits- und Organisationsformen folgen. Der Agile Coach steht hier als Berater zur Seite, ohne selbst operativ mitzuarbeiten. Wenn die Coachees genügend Lern- und Praxiserfahrung gesammelt haben, kann sich die Zusammenarbeit in eine coachende Begleitung umwandeln. Die Verantwortung für die Umsetzung und Entscheidung in den Projekten obliegt dann ausschließlich den Coachees. Der Agile Coach ist also quasi ein Organisationsberater auf Top-Experten-Niveau. Er kann sich auf allen Ebenen der Organisation des Kunden flexibel bewegen und beherrscht das unternehmerische Denken. Bestenfalls hat er sogar selbst unternehmerische Erfahrungen vorzuweisen. Er ist weder auf eine bestimmte Rolle noch auf Hierarchie-Level oder eine Fachrichtung festgelegt und nimmt seine Rolle stets außerhalb des Teams ein, um dessen Zusammenarbeit agiler zu gestalten.

Ein Agiler Coach bewegt sich im Spannungsfeld zwischen den Coachees, der aktuellen Situation und sich selbst. Daher sollte er seine Vorgehensweise immer wieder neu reflektieren und entscheiden, welche Coaching-Maßnahme, welche Rolle oder auch welche Aufgaben von ihm gerade benötigt werden. Grundlage hierfür ist eine entsprechende Dissoziationsfähigkeit zum System.

Welche Rollen und Aufgaben hat ein Agile Coach?

Situationsbedingt hat ein Agile Coach ganz unterschiedliche Rollen und Aufgaben.

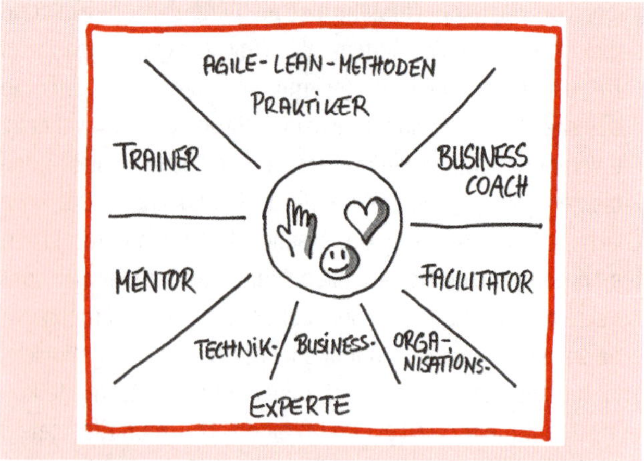

Die Rollen eines Agile Coach (Skizze inspiriert von Dandy People. Weitere Infos auf dandypeople.com/blog)

- **Agile-Lean-Methoden-Praktiker:** Beherrschung der vielfältigen agilen und Lean-Methoden wie Scrum, Design Thinking, Lean Startup, LEGO® Serious Play, Canvas Business Model und vieler mehr.

> Ein Scrum Master ist kein agiler Coach. Die Aufgabe des Scrum Masters liegt darin, dem Team den Rücken freizuhalten, damit es ungestört und selbstorganisiert arbeiten kann (vgl. dazu näher Kapitel »Scrum«). Ein agiler Coach unterstützt ein Team zwar auch. Seine Rolle geht aber weit über die des Scrum Masters hinaus.

- **Business Coach:** Mitarbeitern kann es schwerfallen, mit neuen Herausforderungen und mehr Entscheidungsspielraum umzugehen. In einer solchen Übergangsphase ist ein erfahrener Business Coach sehr hilfreich. Er kennt Techniken und Interventionen, die dem Team dabei helfen, Ängste abzubauen und Fähigkeiten und Ressourcen aufzubauen und zu nutzen. Auch für Führungskräfte ist die Begleitung durch einen Business Coach sinnvoll. Der Weg in Richtung Agilität bringt immer auch gezwungenermaßen ein Loslassen der Führungskräfte mit sich – weniger Weisung und Kontrolle, mehr Entscheidungsspielräume der Mitarbeiter. Ein Business Coach steht als wertschätzender Beobachter und Reflexionspartner für seine Coachees zur Verfügung. Vor allem die Reflexion ist ein wichtiges Element des agilen Coaching.
- **Facilitator:** Der Agile Coach als Facilitator hilft, komplexe und auch schwierige Probleme in Gruppen schnell zu lösen. Eine gute neutrale und lösungsorientierte Moderation unterstützt in Meetings beispielsweise das Herausarbeiten von Lösungswegen, eine klare und verständliche Kommunikation sowie das effektive Treffen von gemeinsamen Entscheidungen.
- **Organisationsentwickler:** Agile Coaches können auch als Organisationsentwickler wirken, so z. B., indem sie, basierend auf ihrem Wissen um systemische Zusammenhänge, gemeinsam mit den Teilnehmenden Organisationsdesigns durchdenken.
- **Business Experte:** Wenn der Agile Coach über Expertenwissen im jeweiligen Business verfügt, so z. B. im Hinblick auf

die Produktentwicklung in der jeweiligen Branche, kann das im agilen Prozess hilfreich sein.

- **Technischer Experte:** Oft wird in agilen Projekten technisches Know-how benötigt. Je nach Expertise kann der Coach auch hier unterstützen, z. B. wenn er über IT-Wissen verfügt.
- **Mentor:** Gerne wird auch Mentoring von den Coachees durch den Agilen Coach in Anspruch genommen. Dabei beobachtet er die Tätigkeit und Muster der Organisation und steht hier beratend zur Seite. Gerade in der Anfangsphase ist das sinnvoll. Es kann später, wenn die Agilität weiter voranschreitet, immer mehr in den Hintergrund rücken.
- **Trainer:** Der Agile Coach agiert als Trainer, um agile Methoden und Techniken aber auch Soft Skills, wie Kommunikations- und Konfliktkompetenzen, interaktiv zu vermitteln.

Allein diese Aufzählung zeigt: Ein agiler Coach muss eine große Rollenflexibilität zeigen. Mal geht es um Teamentwicklung, mal um die Entwicklung der Organisationsstrukturen im Unternehmen, mal darum, einzelne Mitarbeiter zu coachen. Mal geht es »nur« um Beratung, nicht selten hat ein Agile Coach aber auch die Aufgabe, aktiv mitzugestalten, oder er ist Sparringspartner für das Management, wenn es darum geht, wie die gewünschte Entwicklung vorangetrieben werden kann. Je nach Coaching-Bedarf greift der Agile Coach auf unterschiedliches Verhaltensrepertoire zu und zeichnet sich durch hohe Handlungsflexibilität aus.

Haltung des Agilen Coaches

Agile Coaches sollten über eine agile Haltung verfügen, denn sie vermitteln ihren Coachees nicht nur Techniken oder Methoden, sondern auch die entsprechende Einstellung dazu, ein agiles Mindset (siehe hierzu Kapitel »Agilität beginnt mit der richtigen Haltung«).

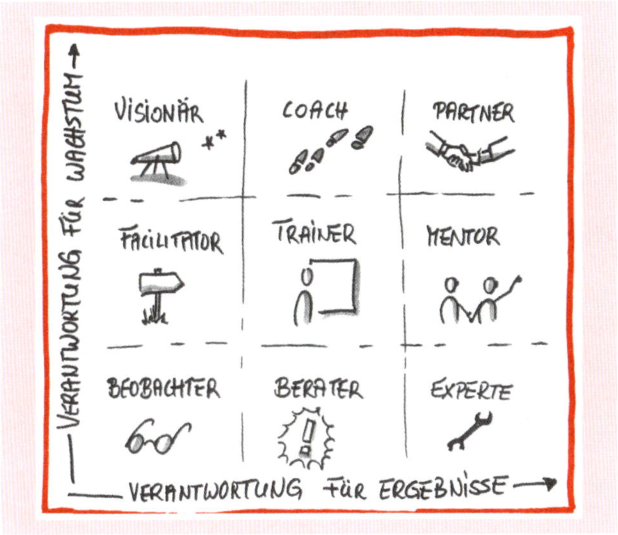

Die Haltung eines Agile Coach (Skizze inspiriert Dandy People. Weitere Infos auf dandypeople.com/blog)

Agile Coaches stehen für Veränderung in Organisationen. Sie tragen je nach ihrer Rolle in unterschiedlicher Intensität Mitverantwortung für Wachstum und Ergebnisse. Vieles von dem, was ein Agile Coach macht, geht über die Grenzen der eigenen Komfortzone hinaus. Zumindest am Anfang kann das oft passieren. Denn Veränderung ist nie bequem. Sie fordert alle Beteiligten. Hier ist es wichtig, neugierig zu sein, auf Augenhöhe zum Auftraggeber zu agieren, auch mal den Finger in die Wunde zu legen und unangenehme Fragen zu stellen. Zudem ist es sinnvoll, die eigene Haltung und das eigene Standing immer wieder zu reflektieren – und sich selbst einzugestehen, dass man nicht alles wissen kann.

Wirkungsebenen des agilen Coaches

Agile Coaches können auf verschiedenen Ebenen in der Organisation wirken.

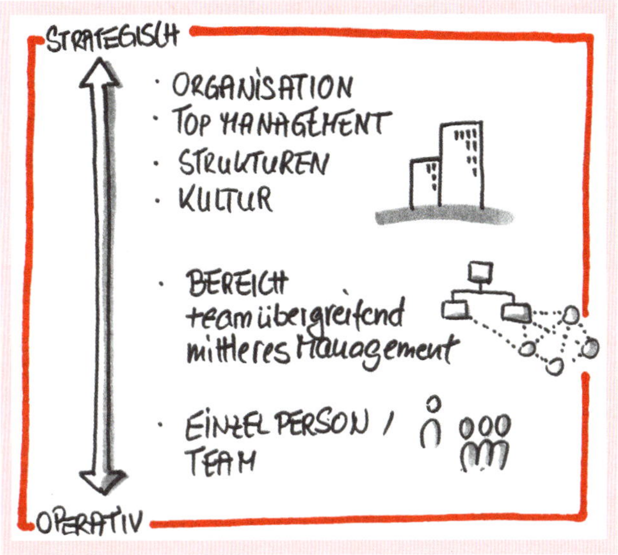

Wirkungsebenen (Skizze inspiriert Dandy People. Weitere Infos auf dandy-people.com/blog)

Ebene 1: Agiles Coaching von Teams und Einzelpersonen

Das Agile Coaching ist hier (zumindest zunächst) auf ein Team fokussiert.

BEISPIEL:

Ein Team will eine neue agile Meeting-Struktur einführen (siehe hierzu Kapitel »Sprint Meetings«). Diese kann sich lediglich auf dieses Team beschränken, sodass weitere Bereiche nicht tangiert werden. Sie kann aber auch im Gesamtunternehmen ausgerollt werden und sich damit strategisch auswirken.

Ebene 2: Agiles Coaching von Bereichen oder mehreren Teams

Viele Unternehmen setzen auf agile Methoden, um schneller und flexibler reagieren zu können und neue Produkte markt- und kundengerecht einzuführen. In solchen Fällen bietet sich ein bereichs- oder teamübergreifendes Coaching an.

BEISPIEL:

Ein Automobilkonzern hat das Ziel, einen Produktionsbereich zu agilisieren. Hierzu wird ein cross-funktionales Team von Freiwilligen aus verschiedenen Unternehmensstandorten gebildet, die sechs Wochen in Folge angeleitet von einem Agile Coach mithilfe der Methode Design Thinking Prototypen für erste Ideen kreieren und diese dann der Zielgruppe vorstellen. Der Agile Coach startet mit einer Teamentwicklung, um die Zusammenarbeit auf eine gute Basis zu bringen. Sodann trainiert er die Phasen von Design Thinking und moderiert diese. Danach steht er dem Team als Coach zur Seite, um es zu ermutigen und Hilfestellungen bei der Arbeit zu geben. Die fachliche Expertise bringen die Teammitglieder selbst mit, da es sich um versierte Ingenieure handelt.

Ebene 3: Agiles Coaching bei der Organisationsentwicklung

Organisationsentwicklung hat stets einen großen strategischen Impact. Agilität verändert Unternehmen dauerhaft und damit auch die Haltungen, Erwartungen, Werte und Prinzipien der Führungskräfte und Mitarbeiter. Der Agile Coach (oder mehrere) steuert hier den Prozess und begleitet den Kulturwandel. Oft werden auch unternehmensinterne Agile Coaches ausgebildet, die in den Teams und Bereichen unterstützen.

BEISPIEL:

In einem Konzern arbeiten zehn Teams an der Agilisierung des Unternehmens. Prozesse, Meetings und Projekte sollen im Unternehmen künftig mit agilen Methoden und Techniken durchgeführt werden. Jedes der zehn Teams soll einen internen Agile Coach erhalten. Ein externer Agile Coach unterstützt die internen Agile Coaches und auch die Prozesse in den Teams. Nach dem Workshop des externen Agile Coaches mit dem Vorstand (Inhalte: Ziel der Agilisierung, Pain Points, Nutzen für das Unternehmen) wird direkt mit dem Bootcamp für die internen Agile Coaches gestartet (Inhalte und Fragestellungen: Was ist ein Agile Coach? Mind-, Tool- und Skillset. Train the Agile Coach. Was macht Sinn für unser Unternehmen?). Anschließend gibt es einen Kick-off in den jeweiligen Teams (Inhalte: Einführung agiler Techniken und Methoden. Projektziel / Vision / Schritte dahin.) Der externe Agile Coach steht den internen Agile Coaches über den Gesamtprozess hinweg zur Seite sowie den Führungskräften beim Erlernen ihrer neuen Rolle

Design Thinking

Viele Unternehmen tendieren dazu, im eigenen Süppchen zu schmoren. Produkte und Dienstleistungen werden entwickelt und schnell, schnell auf den Markt gebracht, ohne dabei auch nur einmal auf den Nutzer geschaut und sich gefragt zu haben, was dieser eigentlich braucht. Beim Design Thinking ist es anders: Es stellt die Bedürfnisse und Probleme der Kunden von Anfang an in den Mittelpunkt der Betrachtung. Dadurch kann es gelingen, Produkte und Dienstleistungen zu entwickeln, die echten Mehrwert für die Kunden schaffen.

Hintergrund

Möglichst viele Perspektiven und Disziplinen in den kreativen Prozess miteinbeziehen – das ist das Credo der Design Thinker. Gerade in einer immer komplexer werdenden unsicheren Welt, in einer sich schnell weiterentwickelnden Wirtschaft ist dieser multiperspektivische Ansatz vorteilhaft.

So multiperspektivisch wie Design Thinking selbst ist, so multiperspektivisch ist auch seine Definition: Teams, die diese Methode für die Entwicklung neuer Produkte oder Dienstleistungen nutzen, würden es wohl als eine »co-creative Innovationsmethode« beschreiben. Andere fokussieren mehr die problemorientierte Seite von Design Thinking und sehen es als Handwerkszeug, das dabei unterstützt, vielschichtige Aspekte in die Lösung eines Problems einzubinden und vor allem in komplexen Situationen eine konstruktive Haltung einzunehmen. Wieder andere gehen noch weiter in ihrer Definition und würden Design Thinking als eine nutzerzentrierte Herangehensweise an Change-Prozesse definieren.

Design Thinking ist nicht losgelöst von anderen agilen Methoden und Techniken zu betrachten. Es ist kein Entweder-oder, sondern ein Sowohl-als-auch. Es fügt sich gut in den Verbund unterschiedlicher agiler Ansätze ein. Viele Unternehmen, die mit Design Thinking arbeiten, wenden bereits agile Methoden wie den experimentellen Lean Start-up Ansatz oder die agile Entwicklungsmethode Scrum an.

> Im Design Thinking steht der Kunde, der Anwender im Mittelpunkt. Wir hinterfragen Bestehendes und wagen uns gemeinsam in multidisziplinär besetzten Teams an Projekte, deren konkreter Ausgang zu Beginn kaum abschätzbar ist. Dies erfordert Kreativität, Empathie und Experimentierfreudigkeit.

Der Design-Thinking-Prozess

Der Design-Thinking-Prozess wird je nach Trainer, Coach, Design Thinker anders angewendet. Wir orientieren uns an dem Prozess, wie er an der School of Design Thinking am Hasso-Plattner-Institut in Potsdam erforscht, gelehrt und ausgebildet wird.

Das Design Thinking Team

Besetzen Sie das Design Thinking Team möglichst bunt: Je verschiedener die Teammitglieder sind, je mehr unterschiedliche Disziplinen im Team vertreten sind, desto vielfältiger sind später die Ideen und Herangehensweisen. Diversität erhöht die gegenseitige Inspiration.

Talentierte Design Thinker gibt es in jeder Organisation. Halten Sie Ausschau nach Mitarbeitern, umsetzungsorientiert und »hands on« sind und die Mehrwert im aktiven Zuhören und Beobachten anderer sehen, nach Mitarbeitern, die die Dinge gerne hinterfragen oder das Verlangen haben, aus den Routinen und Vorgaben auszubrechen, und die sich gerade nicht einer Norm anpassen.

Step 1: Verstehen

Der Design-Thinking-Workflow

Im ersten Schritt des Design-Thinking-Prozesses geht es darum, das Problem bzw. die Fragestellung zu verstehen. Dazu betrachten wir das Problem in seinen einzelnen Bestandteilen und erarbeiten innerhalb des Teams eine meist grob (nicht zu spezifisch) formulierte Aufgabenstellung (auch »Challenge« genannt). Hierzu eignet sich als Technik ein gemeinsames Brainstorming zu Assoziationen und Erfahrungen, die die Teammitglieder mit diesem Problem haben. Jedes Teammitglied schreibt seine Erfahrungen dazu zunächst individuell auf Post-its. Sie werden sichtbar aufgehängt und ggf. gleich in sogenannten Clustern geordnet. Daran schließt sich ein Erfahrungsaustausch an.

BEISPIEL: AUFGABENSTELLUNG

»Wie gelingt es uns, die Serviceleistung und Kundenbeziehung zu verbessern, ohne dabei die Kosten für die Verkaufs-/Vertriebsabteilung im Unternehmen zu erhöhen?«

Danach beschäftigt sich das Team mit den folgenden Fragen: Wen betrifft das Problem? Wer ist der Nutzer? In der Aufgabenstellung könnte der Nutzer z. B. der Kunde selbst sein, aber auch die Mitarbeiter, der Verkäufer oder dessen Assistenz, die ganze Abteilung oder vielleicht die Führungskraft der Abteilung.

Scheuen Sie sich nicht davor, auch nach Extremnutzern zu schauen. Das können Personen sein, die das Produkt extrem oft benutzen, aber auch solche, die dem Produkt extrem abgeneigt sind, so beispielsweise Kunden, die gar nicht kontaktiert werden wollen oder solche, die schnell genervt und unzufrieden sind. Gelingt es Ihnen, die Bedürfnisse eines Extremnutzers zu befriedigen, so schaffen Sie auch einen Mehrwert für andere Nutzer mit diesem Problem. Ein Extremnutzer hilft Ihnen, außerhalb des Offensichtlichen zu denken.

> Geben Sie nicht der Versuchung nach, sich in diesem Step schon auf die Suche nach möglichen Lösungen zu machen. Hier geht es zunächst nur darum, den Nutzer, also denjenigen, der das Problem schon einmal hatte bzw. aktuell hat, und dessen Bedürfnisse dazu kennenzulernen und zu erforschen. Hierfür ist es wichtig, eigene Vorurteile und Erfahrungen kritisch zu hinterfragen und fürs Erste abzulegen. Ziel ist es hier allein, den Problemraum zu öffnen.

Step 2: Beobachten

Oft haben die Teammitglieder eigene Erfahrungen zur Fragestellung gesammelt. Doch diese reichen nicht aus, um kundenzentriert zu denken. Der einzige Weg, um die Bedürfnisse und das Problem der Kunden richtig verstehen zu können, ist es, sich in die Welt der potenziellen Nutzer zu begeben und die tatsächliche Erfahrung der Menschen mit einem Produkt bzw.

einer Dienstleistung oder ihrem Problem zu beobachten und sie dazu zu befragen.

- Teilnehmende Beobachtung: Hier geht es nicht nur darum, den Nutzern dabei zuzuschauen, was sie und wie sie etwas machen oder nicht machen. Es gilt hier auch, aktiv am Leben der Nutzer teilzunehmen: mit ihnen zu interagieren bzw. sich selbst mit dem »Problem« der Aufgabenstellung zu konfrontieren. Erfahren Sie sich also selbst in dem Kontext Ihres Nutzers.
- Interviews führen: Die Nutzer werden nach ihren Erfahrungen und Geschichten befragt, um ihre Emotionen und Gefühle, ihre Motive, aber auch ihre Ängste kennenzulernen. Die Interviewer lassen sich in ihren Kontext mitnehmen, ohne das Gespräch zu sehr in eine Richtung zu drängen. Hierzu eignen sich vor allem offene Fragen, d. h. Fragen, die sich nicht mit Ja oder Nein beantworten lassen. »Warum?« ist die wohl kraftvollste Frage, wenn es um das Verstehen geht. Probieren Sie die 5-W-Technik: Fragen Sie fünfmal nach dem Warum, wenn Sie etwas wirklich verstehen und einer Sache auf den Grund gehen wollen. Unverzichtbar ist aufmerksames Zuhören, um genau zu registrieren, was gesagt wird und auch wie es gesagt wird. Führen Sie das Interview immer mindestens zu zweit: Eine stellt die Fragen, der andere notiert. Schreiben Sie das Gesagte der Nutzer wortwörtlich auf. Zitate sind kraftvoller als eigene Worte, da sie »ungefiltert« und damit nicht von Ihnen interpretiert sind. Halten Sie darüber hinaus auch fest, was Sie während des Gesprächs an Körperhaltung,

Mimik und Gestik wahrnehmen. Diese Signale verraten oft, wie die Person tatsächlich fühlt, wie sie die Dinge sieht, was durchaus von dem Gesagten abweichen kann.

Das wohl Wichtigste an der Phase des Beobachtens ist es, Empathie aufzubauen. Empathie ist die Anstrengung, die Welt durch die Augen von anderen zu sehen, die Welt durch deren Erfahrung verstehen zu lernen und die Welt mit ihren Gefühlen zu erfahren. Wir wollen uns in unsere Nutzer hineinversetzen, ihre Bedürfnisse besser verstehen, potenzielle Konflikte und Schmerzpunkte erkennen und Widersprüche aufdecken. Alle diese Informationen helfen uns später in der Lösungsphase und geben uns Antrieb für innovative und nutzerzentrierte Ideen.

Step 3: Synthese

Eine sehr wegweisende Phase für den weiteren Verlauf ist der Schritt der Synthese. Die Daten, die man in den vorherigen Steps gesammelt, zusammengefasst und dokumentiert hat, gilt es nun auszuwerten, zu interpretieren und miteinander zu kombinieren. Es geht darum, Muster zu erkennen, die sich in den ersten beiden Phasen abgezeichnet haben.

Noch immer befinden wir uns nicht im Lösungsraum. Der Fokus liegt weiterhin auf den Bedürfnissen des Nutzers und dem Problem. In der Synthese-Phase ist es vor allem das Ziel, das richtige Problem zu definieren. Innerhalb des Teams verständigen wir uns, welche Erkenntnisse am wertvollsten sind und welche es wert sind, sie weiterzuverfolgen. Erst wenn der Nutzer und dessen Bedürfnisse und Probleme verstanden und konkretisiert wurden, kann im nächsten Schritt an mögliche Lösungen gedacht werden.

Für diesen Step bieten sich folgende Tools an:

- **Stories:** Die einzelnen Teammitglieder fassen ihre Beobachtungen und Interviews in sogenannten Stories, also Geschichten, zusammen und stellen sich diese gegenseitig vor. Wen haben sie getroffen? Was wurde erzählt? Was war inspirierend? Der Fokus dieser Stories sollte auf folgenden Aspekten liegen:
  - der Person, mit der man sich beschäftigt hat,
  - deren Bedürfnissen,
  - Situationen, in denen diese Bedürfnisse auftreten.
- **Persona:** Auch die Persona-Technik kann hier eingesetzt werden (siehe hierzu das gleichnamige Kapitel). Spielen Sie mit den Daten zum Nutzer, die besonders inspirierend für Sie waren. Greifen Sie Erfahrungen, Beobachtungen, Zitate heraus und überlegen Sie sich, welcher Charakter bzw. Nutzertyp sich hinter diesen Datenpunkten verbirgt. Geben Sie dem Charakter einen Namen und beschreiben Sie genau, welche Eigenschaft diese Persona hat. Übertreiben Sie es jedoch nicht. Die Persona sollte authentisch bleiben, sodass sich das Team mit ihr identifizieren und sich von ihr inspirieren lassen kann. Die Persona, die Sie hier erschaffen, ist und bleibt durchgängig Ihr Bezugspunkt. Sie ist eine Person, auf welche Sie immer wieder zurückkommen, die Sie bei den

folgenden Schritten im Hinterkopf behalten und für die Sie neue Lösungen entwickeln.

- **Point of View (POV):** Anschließend bilden Sie dann einen sogenannten Point of View (POV). Er besteht aus einem Satz, der die Bedürfnisse der Persona zum Leben erweckt und mit dem in die Lösungsfindungsphase gestartet werden kann. Nutzen Sie dazu folgendes Gerüst:

Nutzer ... *(Name der Persona)* hat das Bedürfnis nach ..., in einer Welt, in der ....

BEISPIEL: POINT OF VIEW

Rolf (Führungskraft der Abteilung) hat das Bedürfnis nach Entlastung zur Förderung seiner eigenen Konzentration, in einer Welt, in der die Mitarbeiter nicht mehr miteinander sprechen und zusammenarbeiten, wenn es um die Beantwortung von Kundenfragen geht, sondern sich immer gleich direkt an die Führungskraft selbst wenden.

Setzen Sie sich einen exakten Zeitrahmen für die Formulierung des POV. Die Zeitvorgabe verhindert, dass Sie sich unnötig »verkünsteln«, und gewährleistet, dass Sie sich auf das Wesentliche beschränken (zum Timeboxing siehe das Kapitel »Scrum«).

Step 4: Ideen finden

In dieser Phase beschäftigt sich das Team zum ersten Mal mit der Lösungsfindung. Zunächst müssen dafür erst einmal Ideen her – und davon ganz schön viele. Hier gilt das Prinzip: Quantität geht über Qualität. Ziel dieses Steps ist es, so viele Ideen wie möglich zu sammeln. Eine qualitative Beurteilung der

Ideen findet hier noch nicht statt – das wird in einem späteren Schritt dem Nutzer überlassen. Denn nur sein Urteil darüber ist maßgeblich. Davor lässt sich noch nichts zur Qualität einer Idee aussagen.

Bei der Ideensammlung kommt es nur auf die wesentlichen Informationen an und noch nicht auf die Details. Für diesen Step bietet sich zunächst folgendes Tool an:

- **»How Might We«-Frage (HWM-Frage):** Wir Menschen sind besonders gut im Beantworten von Fragen. Daher formulieren wir zu Beginn dieser Phase unseren Point of View in eine »How Might We«-Frage um: Wie könnten wir dem Nutzer ... *(Name)* dabei helfen, seine Bedürfnisse ... *(konkret benannt, siehe POV)* zu befriedigen/sich seinen Herausforderungen .... *(konkret benannt, siehe POV)* zu stellen?

BEISPIEL: HMW-FRAGE, NACH HERAUSFORDERUNG FORMULIERT

Wie könnten wir Rolf dabei helfen, die Zusammenarbeit seiner Mitarbeiter zu fördern und die Beziehung innerhalb des Teams zu verbessern, um sein Bedürfnis nach Entlastung zur Förderung der eigenen Konzentration zu befriedigen?

Ist die Frage formuliert, konzentrieren wir uns auf deren Beantwortung. Dabei können uns wiederum folgende Techniken helfen:

- **Silent Brainstorming:** In einem vorgegebenen Zeitfenster überlegt sich jedes Mitglied eigenständig und ohne dabei zu sprechen, so viele Ideen wie nur möglich, um die »How

Might We«-Frage zu beantworten. Für jede Idee wird ein eigenes Post-it verwendet. Anschließend werden die Ideen im Team vorgestellt, ohne sie direkt zu bewerten.

- **Perspektivenwechsel:** Jedes Teammitglied versetzt sich in eine andere, vorher definierte Person hinein und versucht die »How Might We«-Frage aus deren Sicht zu beantworten. Ein Beispiel: Was würde Pippi Langstrumpf machen? Wie würde sie das Problem lösen? Andere beliebte Figuren sind Superman, Harry Potter oder aber auch bekannte Figuren aus Politik und Wirtschaft. Der Perspektivenwechsel hilft uns, aus unseren eigenen Denkmustern auszubrechen.

> Ein Bild sagt mehr als tausend Worte. Regen Sie die Teammitglieder dazu an, Skizzen zu ihren Ideen zu malen.

- **Bodystorming:** Bringen Sie Bewegung in die Ideenfindung. Aktivität regt die Kreativität an. Die Teammitglieder können zum Beispiel quer durch den Raum laufen, jeder mit einem Stapel Post-its und einem Stift in der Hand. Ihre Ideen schreiben sie auf und kleben diese auf den Rücken eines anderen Teammitglieds. Auf diese Ideen können die anderen aufbauen oder sich davon inspirieren lassen.

In dieser Phase geht es nicht um die Bewertung der Ideen. Etablieren Sie das Mindset »Ja, und ...«, anstelle von »Ja, aber ...« und schaffen Sie eine tolerante Atmosphäre innerhalb des Teams. So gelingt es dem Team, »wild and crazy« und »out of the Box« zu denken und damit auch auf ungewöhnliche Ideen zu kommen.

Step 5: Prototyp entwickeln

Das Ziel dieser Phase ist es, mit wenig Aufwand schnellstmöglich Erkenntnisse über eine Idee zu erhalten. Ein rasch erstellter grober Prototyp zeigt bereits die Stärken und Schwächen einer Idee, sodass wir gegebenenfalls bereits erste Weiterentwicklungen und Optimierungen vornehmen können.

Der Prototyp ist eine erste »greifbare« Version der Idee. Er kann mithilfe einfachster Materialien entstehen – sei es auf Papier, mit Pappe oder Knete. Auch Skizzen oder Videos können dazu eingesetzt werden. Wer ein bisschen mehr Material und Werkzeug zur Verfügung hat, kann auch ein Modell bauen, das die Idee dreidimensional aufzeigt.

Das Erstellen von Prototypen sollte nur so viel Zeit, Geld und Anstrengung in Anspruch nehmen, wie es benötigt, um wertvolles Feedback dazu zu erhalten und damit die Idee vorantreiben zu können.

Je mehr in eine Idee investiert wird, desto größer wird die emotionale und strategische Bindung an genau diese eine Idee. Dadurch kann ein Unternehmen schnell in eine falsche Richtung laufen. Wird zu viel Zeit und Geld in einen Prototyp gesteckt, kann das dazu führen, dass sich das Team scheut, die Idee zu verwerfen, obwohl diese dem Markttest nicht standhält oder nicht funktioniert. Es gilt: Solange die Idee für den Nutzer erlebbar wird, erfüllt der Prototyp seinen Zweck.

Der Prototyp muss nicht immer ein Objekt sein. Auch Rollenspiele sind möglich, insbesondere dann, wenn es sich um eine Dienstleistung handelt. Spielt man diese durch, so passieren Dinge, die man vorher vielleicht nicht bedacht hatte. Es kommen neue Fragen auf oder man stößt auf Ideen, wie man es alternativ umsetzen könnte. Keine Umfrage kann die Erkenntnis ersetzen, die man hat, wenn man etwas selbst einmal am eigenen Leib erfährt.

BEISPIEL: ROLLENSPIEL ALS PROTOTYP

Prototyp im Beispiel oben könnte ein Rollenspiel zu einem Meeting mit den Mitarbeitern sein, dessen Ziel es ist, den Austausch untereinander zu fördern.

Sie werden schnell feststellen, dass Sie durch das aktive, händische Arbeiten beim Prototyping Ihre Kreativität und Vorstellungskraft erst so richtig entfalten. Sie werden erstaunt sein, was Ihnen noch alles zu Ihrer Idee einfällt, sobald Sie mit Ihren Händen »denken«.

Step 6: Testen

Auch in diesem Schritt geht es darum, sich dem Nutzer zuzuwenden und ihn besser zu verstehen. Die Annahmen, die wir getroffen und im Prototyping manifestiert haben, überprüfen wir nun im direkten Kontakt mit den Nutzern. So sind wir in der

Lage, schnell und effektiv unsere verschiedenen Lösungen zu hinterfragen und unsere Hypothesen zu validieren.

Hier ist es ebenso wie in den vorherigen Schritten wichtig, dem Nutzer mit einer offenen Haltung zu begegnen. Es geht darum, von diesem zu lernen, und nicht darum, ihn von unserer Idee zu überzeugen. Beobachten Sie ihn in seiner Interaktion mit dem Prototyp. Regen Sie ihn dazu an, seine Gedanken dabei laut auszusprechen – und hören Sie genau zu, was er zu sagen hat. Halten Sie sich an die 20:80-Regel: 80 % der Zeit spricht der Tester, in den restlichen 20 % stellen wir ihm offene Fragen.

Um das Feedback des Testenden zu strukturieren, eignet sich das sogenannte Feedback-Grid: Wir ordnen das während des Testens erhaltene Feedback (Beobachtungen über Interaktionen, Aussagen etc.) in die folgenden vier Kategorien ein:

1. Was hat funktioniert?
2. Was könnte verbessert werden?
3. Welche offenen Fragen stehen im Raum?
4. Gibt es neue Ideen?

Auch wenn es nicht immer leicht ist, ist es wichtig, im bisherigen Design-Thinking-Prozess gemachte Fehler anzuerkennen und Kritik des Nutzers anzunehmen und als einen großen Schritt vorwärts zu werten. Gewonnene Erkenntnisse aus dem Testing werden rekapituliert, um sie dann in die nächsten Schritte einfließen zu lassen.

FORTSETZUNG DES BEISPIELS

Das Rollenspiel mit den Mitarbeitern wird Führungskräften aus dem Unternehmen vorgeführt, um Feedback von diesen einzuholen. In den darauf folgenden regelmäßigen Meetings werden die Fragen aller geklärt, anstelle diese wie bisher direkt an die Führungskraft Rolf weiterzuleiten. Zu Beginn jedes Meetings wird Feedback eingeholt. Es wird darüber gesprochen, was sich verändert hat, was gut gelingt, was (noch) nicht gelingt und ob es neue Ideen zur Verbesserung der Arbeitsweise gibt.

> Fail early, fail often – scheitere früh, scheitere häufig. Wer nach diesem Prinzip handelt, verkürzt seinen Weg zum Ziel und wird schneller erfolgreich sein.

Step 7: Iteration

Es ist wie beim Scrum: Auch das Design Thinking kennt die iterative Vorgehensweise. Ein in relativ kurzer Zeit entwickelter Prototyp wird erst einmal auf den Markt geworfen und so lange immer wieder getestet und optimiert, bis die gröbsten Fehler behoben sind. Hier spielt das Mindset eine ausschlaggebende Rolle: Scheitern und Misserfolge müssen zulässig sein. Im Design Thinking gehören Fehler schlicht dazu. Das Team lernt diese vielleicht sogar als seine größte Stärke anzuerkennen.

Iteratives Vorgehen bedeutet: experimentieren, mehrmals die gleichen Prozessschritte wiederholen, Bestehendes hinterfragen, neue Erkenntnisse gewinnen und diese in die Lösung einfließen lassen. Mit jeder Iteration (Entwicklungsrunde) nähert sich der Prototyp mehr und mehr einem finalen Ergebnis, das die Nutzerbedürfnisse befriedigt und vielleicht sogar eine echte Innovation ist.

Voraussetzungen für die Anwendung

Neben dem Methoden-Know-how ist die wohl wichtigste Voraussetzung im Design Thinking das richtige Mindset. Es muss eine Kultur vorhanden sein, in der Fehler erlaubt sind, ja, mehr sogar: erwünscht sind. Ein erfolgreicher Design-Thinking-Prozess startet ergebnisoffen. Fehler sind da vorprogrammiert.

Design Thinking ist ein kreativer Prozess. Dem sollten die räumlichen Gegebenheiten entsprechen. Der Raum sollte mit Whiteboards oder Tafeln, Post-its, Material für Prototyping, mit bewegbaren Tischen und Stühlen ausgestattet sein. Es sollte viele Flächen zum Beschreiben und Bekleben geben. Und der Raum sollte groß genug sein, um das bereits entwickelte Material, die Bilder, Storyboards, Konzepte und Prototypen, ständig verfügbar zu haben. Die permanente Visualisierung hilft den Teammitgliedern dabei, Muster zu erkennen, und fördert ihre Kreativität.

Im Design Thinking wird alles getimt und möglichst schnell durchgeführt. Das fördert die Kreativität und vermeidet das »Überdenken« und »Bewerten«. Design Thinker verwenden zur Zeiterfassung gerne einen sog. Time Timer. Das ist eine Uhr, auf der die Zeit eingestellt werden kann, die dann rückwärts abläuft.

Weiterführende Quellen

Hasso-Plattner-Institut für Softwaresystemtechnik (Hrsg.), Design Thinking – der kreative Weg zu innovativen Lösungen, 2017.

Kelley, Tom, The Art of Innovation, 2016.

Kerguenne, Annie, Schaefer, Hedi, Taherivand, Abraham, Design Thinking – Die agile Innovationsstrategie, 2017.

Lewrick, Michael, Link, Patrick, Leifer, Larry, Das Design Thinking Playbook, 2018.

Objectives and Key Results: agiles Management mit Zielen

Als der Management-Guru Peter Drucker 1954 mit seinem »Management by Objectives«-Modell (MbO), welches das Führen durch Zielvereinbarungen propagierte, eine neue Ära im Management einleitete, dachten viele: Besser geht es nicht! Aber bereits Anfang der 1970er-Jahre war Andy Grove, der Mitbegründer des späteren Technologie-Giganten Intel, mit diesem System nicht mehr zufrieden. Er entwickelte die Methode »Objectives and Key Results«, kurz OKR, als Rahmenwerk für ein modernes Management. In den 1990er-Jahren adaptierten die Google-Gründer Larry Page und Sergey Prin die Methode für ihr Unternehmen. Von da an verbreitete sie sich rapide weiter. OKR ist heute in all jenen Unternehmen Standard, die auf ein dynamisches Managementsystem setzen, das Ziele zur Steuerung verwendet, Ergebnisse als die einzige relevante Messgröße akzeptiert und einfach in der Anwendung ist.

Weniger ist mehr

Ziele und das Führen mit Zielen sind nicht neu. Auch das Überprüfen von Zielen in Zyklen ist keine Innovation. Es ist unverzichtbar, wenn Ziele verbindlich sein sollen. Das Innovative an OKR ist jedoch die Kombination aus zwei Fragen, die so simpel sind, dass viele, die sie das erste Mal hören, abwarten, ob da noch etwas kommt.

- Frage Nr. 1: Wo geht es hin (Objectives)?
- Frage Nr. 2: Wie können wir das erreichen? (Key Results)

Objectives: Wo geht es hin?

Zunächst werden bei der Einführung von OKR die wichtigsten Unternehmensziele definiert. Das sind diejenigen Ziele, welche die größte Auswirkung auf den angestrebten Unternehmenserfolg oder die formulierte Strategie haben.

Das »Weniger ist mehr«-Prinzip von OKR setzt sich in der Anzahl der unternehmensweiten Ziele fort. OKR-Experten sind sich zwar über die ideale Anzahl der Ziele nicht einig, aber in einem Punkt besteht Konsens: Mehr als fünf sollen es auf keinen Fall sein. Warum, fragen Sie? Überlegen Sie, wie viele attraktive, motivierende Ziele Sie gleichzeitig präsent haben können. Fünf sind schon eine ganze Menge. Drei sind nach unserer Erfahrung bereits eine gute Anzahl.

Im sog. Alignment-Prozess wird dann darauf geachtet, dass alle weiteren Ziele auf diese übergeordneten Ziele »einzahlen«, also diesen dienen. Das wird vom Topmanagement bis zur Mitarbeiter-Ebene heruntergebrochen.

Key Results: Wie können wir die Ziele erreichen und wie können wir das messen?

Die Key Results sind Ereignisse, die eindeutige Voraussetzungen sind, die Ziele zu erreichen. Auch sie sollten auf möglichst wenige redzuziert sein. Wir empfehlen korrespondierend mit der Anzahl der Objectives drei Key Results. Drei Objectives mit jeweils drei Key Results können sich die meisten leicht merken. Und genau darum geht es beim wirksamen Alignment: dass es im Kopf der Beteiligten verankert ist und nicht in irgendwelchen Ordnern verschwindet. Die Grafik zeigt das in unserem Unternehmen digitalsee verwendete Beispiel, um OKR allen Mitarbeitern verständlich zu machen:

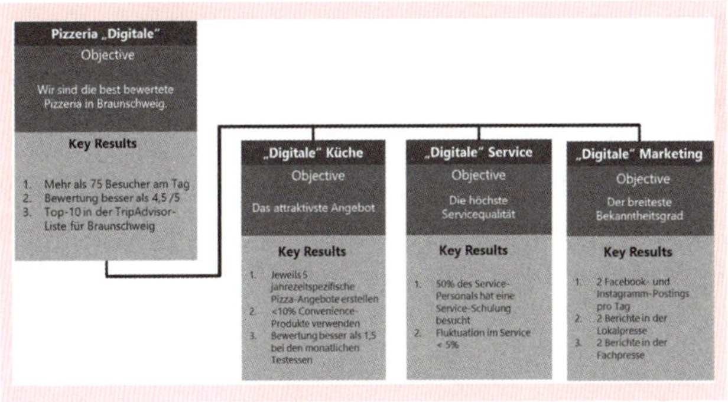

Kurze Zyklen

Während die strategischen Ziele, die Mission und die zukünftige Positionierung des Unternehmens durchaus etwas weiter in der Zukunft liegen dürfen, gilt für die Gültigkeitsdauer von Objectives und Key Results etwas anderes: Drei Monate sind ein guter Zeithorizont, auf den man motiviert zuarbeiten kann. Dieses Prinzip wird auch im Buch »Das 12-Wochen-Jahr« von Brian Moran und Michael Lemmington beschrieben. Statt Jahresziele zu planen, setzt man sich jeweils Ziele für 12 Wochen. So sind die Ziele präsenter und die Konsequenzen des Handelns werden greifbarer und nachvollziehbarer. Das erhöht die Umsetzungsrate und die Erfolgswahrscheinlichkeit deutlich.

Natürlich können Sie die Länge der Zyklen variieren und auf Ihr Geschäft anpassen. In dynamischen Märkten ist eine Jahresplanung nahezu unmöglich; Schwankungen sind dort an der Tagesordnung.

> Das korrespondiert auch mit dem agilen Prinzip, das besagt: Immer das Beste und Meiste herausholen, was möglich ist, und nicht das, was geplant war.

In einem Forstbetrieb macht es keinen Sinn, wöchentliche OKR festzulegen, in einem Unternehmen, das sich mit technischen Entwicklungen beschäftigt, sehr wohl.

Eigenverantwortung

Während klassische MbO-Systeme noch stark auf Command und Control ausgerichtet waren, ist die Philosophie bei OKR Eigenverantwortung. MbO-Systeme waren häufig mit dem Entlohnungssystem gekoppelt. In auf OKR orientierten Unternehmen soll der Fokus auf den Unternehmenszielen und deren Auswirkungen auf die Organisation liegen, und nicht auf den finanziellen Auswirkungen für den Einzelnen. OKR setzt auf intrinsische Motivation. Die Freude an der Sache und am gemeinsamen Erfolg soll zu guten Leistungen anspornen. Diese Haltung wird durch OKR gefördert.

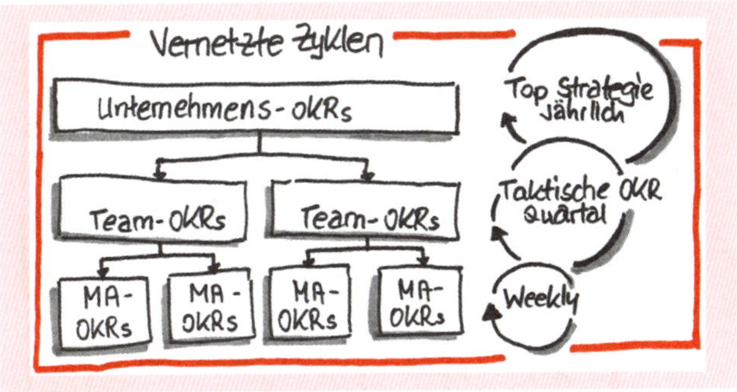

Transparenz

Jeder soll wissen, woran sich die anderen in der Organisation ausrichten. Nicht nur Top-down, nicht nur innerhalb der Abteilungen, sondern alle im Unternehmen sollen wissen, was die

OKR für die anderen sind. Dieses Transparenz-Prinzip verunsichert anfangs viele, vor allem in Organisationen, in denen das alte Zielvereinbarungssystem an individuelle finanzielle Anreize gekoppelt war. Machen Sie daher von Anfang an offen und transparent klar, dass es eine solche Kopplung nicht (mehr) gibt. Boni werden im OKR-System nur aufgrund von Unternehmenskennzahlen ausgeschüttet, die keinen Rückschluss auf Einzel- oder Teamleistungen zulassen.

Auch bei digitalsee kann jede Mitarbeiterin, jeder Mitarbeiter im System die OKR einsehen. Hier ein Blick auf ein OKR-Dashbord:

Ambitionierte Ziele

Im OKR-System wird der Fortschritt laufend selbstständig von den Teams gemessen. Die Mitarbeiter selbst nehmen die Einschätzung vor, und nicht etwa das Management.

Ähnlich wie bei den Sprint Retrospectives wird auch hier der Fortschritt der Key Results in Retrospectives gemessen. Hier orientieren sich viele Unternehmen an der »Google-Skala«. Auf einer Skala von 0 bis 1 wird alles bis 0,3 rot dargestellt = kein Fortschritt. 0,4 bis 0,6 ist gelb und alles ab 0,7 grün.

> Werden 100 % der Ziele erreicht, liegt der Fortschritt also bei 1,0? Bei OKR ist das ein Hinweis darauf, dass die Ziele zu niederschwellig angesetzt wurden. Als Richtlinie gilt: 75 % sind okay.

Fokus bedeutet: Nein sagen

Ein weiterer Grund, die Objectives zu reduzieren, liegt im Fokus. Egal, welches agile Tool Sie anwenden – eine Regel kommt immer vor: Konzentrieren Sie sich auf Weniges und setzen Sie das dafür konsequent um. Das gilt auch bei OKR.

Wer nicht Nein sagt, verzettelt sich leicht. Selbst wenn der Product Owner mit noch so vielen wichtigen und unbedingt sofort zu realisierenden User Stories um die Ecke kommt: Sagen Sie Nein, wenn Ihre verfügbaren Kapazitäten an Zeit und Mitarbeiter-Leistung ausgeschöpft sind. Tun Sie das nicht, führt das zu Überlastung und Frustration. Und ganz nebenbei: Schließlich gibt es als Aufgabenspeicher den Product Backlog.

Die Regel, dass Key Results nur zwei Bewertungen kennen, nämlich 0 und 1, also erledigt oder nicht, entspricht der Philosophie, dass anteilige Prozent-Ergebnisse keinen Marktwert, sondern nur einen Steuerungswert haben, wenn überhaupt.

CFR statt Beurteilungsgespräche

Die meisten an MbO orientierten Systeme bauen auf individuellen Leistungsbeurteilungsgesprächen oder Performance Reviews auf. Solche Gespräche sind für alle Organisationen eine besondere Herausforderung, da der individuelle Bonus am Ergebnis der Beurteilung hängt. Sie finden in der Regel ein- bis zweimal jährlich, nur in wenigen Organisationen viermal pro Jahr statt und nehmen die Führungskräfte zeitlich stark in Anspruch. Bei einem nach Jahresbudget geführten Unternehmen kommt hinzu, dass die Gespräche alle im gleichen Zeitraum stattfinden, was Führungskräfte zusätzlich unter Stress setzt.

Häufig koppeln die Führungskräfte das Performance-Gespräch mit einem Feedback- und Entwicklungsgespräch, was zu schwierigen Verhandlungssituationen mit Mitarbeitern führen kann, die weder den Beteiligten noch dem Unternehmen dienen.

Im OKR-Prozess sind sog. CFR vorgesehen. CFR steht für Conversation, Feedback und Recognition. In solchen Gesprächen geht es um Dialog und Austausch sowie nachvollziehbare Rückmeldungen, verbunden mit einem Ausblick und der Anerkennung für erbrachte Leistungen. Sie werden mindestens einmal pro Quartal oder noch besser monatlich geführt. Verglichen mit herkömmlichen Beurteilungsgesprächen sorgen CFR für eine deutlich bessere Transparenz, höheres Vertrauen und eine hochwertigere Abstimmung zwischen Führungskraft und Teammitgliedern.

Die wesentlichen Unterschiede zwischen CFR und klassischen Mitarbeitergesprächen

	CFR	Mitarbeitergespräch
Ziel	Austausch, Entwicklung und Transparenz	Beurteilung, Basis für Entlohnung, Zielvereinbarung
Frequenz	Monatlich bis maximal quartalsweise	Meist nur jährlich, selten halbjährlich
Maximaler Inhalt	3 bis 5 Objectives mit 3 bis 5 Key Results pro Objective	Keine Einschränkungen
Wesentliche Bestandteile	Wechselseitiger Informationsabgleich im Dialog Entwicklungsorientiertes Feedback Anerkennung für erbrachte Leistungen	Rückblick auf Ergebnisse Feedback zur Performance Vereinbarung/Information zu den Konsequenzen (Prämie, Bonus) Zielvereinbarung für Folgeperiode inklusive Konsequenzen Entwicklungsvereinbarung
Sonstiges	*Keine* Auswirkung auf Entlohnung	Grundlage für zusätzliche Gehaltsbestandteile (Bonus, Prämie etc.)

Die OKR-Regeln im Überblick

Die folgende Grafik zeigt die digitalsee-Regeln, in denen alle Voraussetzungen für ein funktionierendes OKR zusammengefasst sind.

OKR funktioniert aus folgenden Gründen besser als klassische MbO- Systeme:

- Es ist einfach: Nur wenige Ziele und Key Results, maximal 5 x 5, am besten sind 3 x 3.
- Keine Kopplung an variable Entlohnungsanteile wie Prämien oder Boni.
- Es fördert die Eigenverantwortung der Mitarbeiter und damit inhaltliches Commitment, vor allem weil der begründeten Eigeneinschätzung ein höherer Stellenwert beigemessen wird.
- Es fördert Entwicklung und Motivation: Viele kurze, individuell auf den Mitarbeiter zugeschnittene Dialoge statt jährliche unpersönliche Performance-Reviews.

- Es ist besser planbar: Sinnvolle und überschaubare kurze Zyklen statt abstrakte Jahresvorgaben.
- Es schafft Transparenz: Ein offenes Zielsystem, das für jeden einsehbar ist.

Weiterführende Quellen

Doerr, John, OKR: Objectives & Key Results – Wie Sie Ziele, auf die es wirklich ankommt, entwickeln, messen und umsetzen, 2018.

Gray, Doug, Objectives + Key Results (OKR) Leadership: How to apply Silicon Valley's secret sauce to your career, team or organization von, 2019.

Niven, Paul, Lamorte, Ben, Objectives and Key Results – Driving Focus, Alignment and Engagement with OKRs, 2016.

Lean Startup

Aller Anfang ist schwer. Jeder, der schon einmal eine neue Geschäftsidee, ein Geschäftsmodell oder auch nur ein Produkt oder eine neue Dienstleistung auf den Markt gebracht hat, weiß das. Und so verwundert es auch nicht, dass so viele Start-ups scheitern. Laut Deutschem Startup Monitor schaffen es über 80 % von ihnen nicht, mehr als drei Jahre zu überleben. Auch Studien aus den USA weichen nicht weit von diesen Zahlen ab.

Warum das so ist, hat mit drei schwer überwindbaren Hürden zu tun, die alle meistern müssen, die etwas Neues auf den Markt bringen wollen:

1. Zwischen der Idee und dem ersten verkauften Produkt steht ein erheblicher Finanzbedarf.
2. Es braucht fähige Leute, die sich der Sache verschreiben und die bereit sind, überdurchschnittlich viel zu leisten.
3. Es muss schnell gehen, denn jeder Tag Verzug kostet Geld. Fehlentwicklungen können daher das vorzeitige Aus bedeuten.

Eric Ries, ein Entrepreneur aus dem Silicon Valley, hat 2008 in seinem Buch »Lean Startup« Grundprinzipien formuliert, die einem Start-up dabei helfen, diese Hürden erfolgreich zu meistern. Sein Vorgehensmodell orientiert sich an zehn Grundsätzen. Es lässt sich mit den meisten der hier in diesem TaschenGuide beschriebenen agilen Methoden und Techniken umsetzen. Wer die Empfehlungen von Eric Ries beachtet, hat ein gutes Stück mehr Gewissheit, erfolgreich zu sein, und Fehler, die andere schon begangen haben, einfach auszulassen. Das gilt im Übrigen nicht nur für Start-ups. Auch etablierte Unternehmen können daraus lernen.

Verabschieden Sie sich von detaillierten Plänen

Was im bestehenden Geschäft – auch Run genannt – funktioniert, klappt in der Start-up-Phase nicht. Dafür gibt es zu viele Unwägbarkeiten. In detaillierten Planungen Meilensteine zu definieren und die Umsetzung zu überwachen, engt die nötige Agilität ein und führt häufig dazu, dass unüberprüfbare Annahmen als wahre Fakten angenommen werden. Die Gefahr: Man hält zu lange an Dingen fest, die zum Scheitern verurteilt sind. Bestehende Unternehmen kostet das viel Geld, kleine bringt es um.

»Just do it« funktioniert auch nicht

Keine detaillierten Pläne zu machen, bedeutet nicht, in unkoordinierten Aktionismus zu verfallen. Dieser würde nur ins Chaos führen. Agiles Vorgehen ist nicht gleichbedeutend mit einem Mangel an Struktur und Disziplin.

Zwei Hypothesen und ihre Validierung sind der Anfang

Am Anfang gibt es keine Sicherheit, sondern nur den Glauben der Gründer oder Product Owner daran, dass die Produktidee funktioniert. Die Verantwortlichen sollten daher den kreativen Geistern Gehör schenken und sie auffordern, zwei Hypothesen zu belegen: die Value- und die Growth-Hypothese.

Die Value-Hypothese

Die Value-Hypothese ist die Annahme, dass das Produkt oder die Dienstleistung den Kunden einen relevanten Mehrwert liefert. Am besten ist es, wenn sich rasch Personen finden, die diesen Mehrwert erkennen und nutzen wollen.

Die Growth-Hypothese

Die Growth-Hypothese ist die Annahme, dass es einen großen Markt für die Idee gibt. Günstig ist es, wenn die Nutzer selbst zum Werbeträger werden und aktiv zur Verbreitung beitragen.

Kommen Sie so rasch wie möglich auf den Markt

Definieren Sie ein Minimum Viable Product, auch MVP genannt. Das ist die einfachste anwendbare Version der Produktidee. Sie muss den Anwendern bereits einen solchen Mehrwert bringen, dass sie bereit sind, dafür zu zahlen. Dieses Prinzip findet sich beispielsweise im Scrum wieder.

Lernen und verbessern Sie ständig das Produkt und Ihr Vorgehen

Egal ob Start-up mit neuem Produkt und neu gegründeter Firma oder etabliertes Unternehmen mit innovativer Geschäftsidee: Verankern Sie eine regelmäßige Lernroutine. Im Modell »Lean Startup« wird das mit dem sogenannten BML-Zirkel beschrieben, ein Akronym für:

- Build = Erstelle etwas.
- Measure = Überprüfe den Erfolg.
- Learn = Ziehe aus den Erfahrungen Schlüsse und setze diese in der nächsten Phase um.

Auch hier kann der Scrum-Prozess mit den Sprint Retrospectives als Vorbild dienen.

Testen Sie, was Wert schafft und was Verschwendung ist

Finden Sie heraus, was Value ist und was Waste. Das funktioniert nicht durch das Aufstellen von Hypothesen, sondern durch eine Erprobung in der Praxis. Eine Methode dafür ist der Split-Test. Hier erhalten Versuchsgruppen unterschiedliche Versionsvarianten und werden in ihrer Reaktion darauf beobachtet.

Seien Sie bereit für Kurswechsel

Manchmal hilft nichts anderes als ein Kurswechsel. Ein altes Indianer-Sprichwort lautet: »Wenn du ein totes Pferd reitest, dann steig ab.« Ries hat folgende typische Anlässe für grundlegende Kurskorrekturen – auch Pivots genannt – identifiziert:

- Anpassung der Leistung: Entweder Ausweitung der Features oder Verengung und Konzentration der Leistungsmerkmale.
- Veränderung des Schwerpunktes auf eine neue Kundengruppe: Da diese sicher andere Bedürfnisse und Anforderungen haben wird, hat dieser Kurswechsel auch Auswirkungen auf die Produkteigenschaften und damit die Entwicklung.
- Veränderung der Vertriebskanäle und -methodik.

Um sicherzustellen, dass man sich nicht zu weit in Sackgassen begibt, werden monatliche Pivot-Meetings empfohlen, in denen die Kursrichtung auf Basis einer Datenanalyse bestätigt werden muss. Es gibt unterschiedliche Ansätze, wie man mit den Erkenntnissen daraus umgehen sollte. Aus unserer Erfahrung ist die dreimalige Bestätigung einer Erkenntnis als stabile Erfahrung anzusehen und damit eine verlässliche Basis für einen Kurswechsel, so schwer dieser auch sein mag.

Um Korrekturen vornehmen zu können, muss man aber für einen Kurswechsel grundsätzlich bereit sein. Diese Bereitschaft fördern wiederum die Schritte Nr. 1 bis 6.

Pflegen und hegen Sie Ihre Wachstumstreiber

Wachstumstreiber, Engines of Growth genannt, sind wichtige Größen im Lean Startup. Das Drehmoment Ihres Wachstumsmotors ist dafür entscheidend, wie rasch Sie mit dem neuen Angebot einen entsprechenden Markterfolg einfahren.

Für Start-ups gilt die Regel: Konzentrieren Sie sich auf nur einen Wachstumstreiber und stärken Sie ihn konsequent, damit die Maßnahmen wirksam werden. Wer mehr Ressourcen hat, sollte natürlich auf mehrere Motoren setzen.

Es gibt drei »Engines of Growth«:

- Sticky Engine: Sie halten bestehende Kunden mit neuen Features, gutem Service und direkter Kommunikation bei der Stange. Damit sichern Sie konstanten Umsatz. Wichtig ist jedoch, dass diese Kunden nicht durch Rabatte oder andere Maßnahmen gehalten werden, die den Ertrag reduzieren.

- Paid Engine: Sie investieren Geld, das Sie mit Verkäufen Ihres Produkts erwirtschaftet haben, in dessen weitere Verbreitung. Wichtig ist dabei folgende Regel: Investieren Sie nie mehr, als Sie tatsächlich an Deckungsbeiträgen erwirtschaftet haben, sonst verzerren Sie die Wirksamkeit dieses Wachstumstreibers.
- Viral Engine: Vorhandene Kunden übernehmen das Marketing für Sie. Mundpropaganda oder Social-Media-Propaganda jenseits der bezahlten Anzeigen sorgt für eine rapide Verbreitung der Nutzung Ihrer Produkte. Virale Verbreitung ist vor allem bei Online-Services das Ziel. Im Web-Business gilt nach wie vor das Prinzip: »The winner takes it all!«

Wählen Sie die richtigen Messgrößen

Vor allem solche Start-ups, die sich über Soziale Medien präsentieren, lassen sich häufig von den »Vanity Metrics« täuschen. Sie messen ihren Erfolg an den Seitenaufrufen, Likes, Followers etc. Natürlich sind das auch hilfreiche Indikatoren. Es gibt aber nur eine Messgröße, an der sich ablesen lässt, ob eine Sache funktioniert oder nicht: die Umsatzzahlen. Was nützen Ihnen 30.000 Follower auf LinkedIn, wenn Sie keiner bucht oder niemand das Produkt kauft?

Immer am Puls der Zeit bleiben

Ihre Kunden entscheiden darüber, ob Sie nachhaltig erfolgreich bleiben – niemand sonst. Daher empfiehlt es sich, das Kundenverhalten differenziert zu beobachten und zu analysieren. Vor allem wenn Sie mit einem MVP auf den Markt gekommen sind, weitere Features entwickelt haben und vielleicht sogar Pivot-Entscheidungen getroffen haben, könnte Folgendes geschehen: Sie halten an Erfolgsannahmen fest, die auf alte Kundengruppen zutrafen. Die neuen wollen aber andere Sachen haben.

Bilden Sie deswegen Kundengruppen, die sich auf den Kaufzeitpunkt beziehen, also z. B. auf die ersten drei Monate, die folgenden sechs Monate usw. Mit solchen sog. Kohorten können Sie überprüfen, ob sich das Kundenverhalten geändert hat, und entsprechende Maßnahmen treffen.

Lean Startup: nicht nur für Start-ups

Nicht Microsoft oder andere Software-Riesen wie SAP oder Oracle haben die so erfolgreichen Amazon-, Facebook- und Google-Geschäftsmodelle entwickelt. Sie sind allesamt aus Start-ups entstanden. Die Frage ist, warum das so ist. Auch wenn sie sich nicht pauschal beantworten lässt, liegt sicherlich eines nahe: Oft wird in bestehenden Unternehmen mit der »Nicht unser Kerngeschäft«-Keule jedes zarte Pflänzchen der Kreativität gleich beim ersten Aufblühen ausgelöscht.

Und wenn in einer großen Organisation entschieden wurde, dass eine Produkt- oder Geschäftsidee verfolgt wird, wird diese recht beständig mit der vorhandenen effizienten Maschinerie umgesetzt. Was eine Tugend im bestehenden Geschäft ist, kann in der Produkt-Start-up-Phase jedoch zu teuren Fehlentwicklungen führen.

Um all dem entgegenzuwirken, lohnt eine intensivere Beschäftigung mit dem Lean-Startup-Modell.

Weiterführende Quellen

Blank, Steve, The Innovation Stack: How to Make Innovation Programs Deliver More Than Coffee Cups, http://steveblank.com/category/customer-development

Gerigk, Christiane, Lean Startup als Ansatz für die Unternehmensgründung, in: Hochschule Mainz, University of Applied Sciences, Fachbereich Wirtschaft (Hrsg.): Update 20, SS15, Mainz 2015, S. 8 – 13.

Maurya, Ash, Running Lean: Iterate from Plan A to a Plan That Works, 2. Aufl. 2012.

Ries, Eric, Evangelizing for the Lean Startup, https://ecorner.stanford.edu/video/evangelizing-for-the-lean-startup-entire-talk

Ries, Eric, The Lean Startup: How Today's Entrepreneurs Use Continuous Innovation to Create Radically Successful Businesses, 2011.

Ries, Eric, The Startup Way – Das Toolkit für das 21. Jahrhundert, mit dem jedes Unternehmen erfolgreich sein kann, 2018.

Ries, Eric, http://theleanstartup.com

Die Umsetzung: Auf das Tun kommt es an

Das Herzstück einer jeden Neuerung ist das Tun, die Umsetzung – natürlich auch, wenn es um die Einführung agiler Methoden und Tools geht.

In diesem Kapitel erfahren Sie u. a.,

- wie es gelingt, eine agile Organisation zu entwickeln,
- wie Sie mit Widerstand umgehen,
- was die Umsetzung fördert.

Widerstand hat einen Grund

Bevor wir uns näher mit dem Handwerkszeug für die Implementierung beschäftigen, sollten wir uns erst einmal mit einer Hürde dafür befassen. Denn bei jeder Veränderung, sei sie auch noch so co-creativ vorbereitet, klopft regelmäßig jemand an die Tür. Nein, nicht der Betriebsrat, sondern ein anderer unliebsamer Geselle: der Widerstand.

Auf zu neuen Ufern! Veränderungen stoßen regelmäßig auf Widerstand, und zwar unabhängig davon, ob es kleine sind, wie Einzelmaßnahmen im Team, oder sehr große, wie die Agilisierung eines Unternehmens. Warum ist das so? Woher kommt dieser Widerstand? Und wie können wir damit umgehen, ihn minimieren und Energien, die er freisetzt, in die richtige Richtung lenken?

Wandel und Widerstand: siamesische Zwillinge?

»Ab heute sind wir agil!« Wie jeder andere Change kann auch der Richtungswechsel hin zur Agilität nicht einfach verordnet werden. Aber wir können Bedingungen dafür schaffen, die es erlauben, dass er geschieht. Doch auch wenn wir z. B. mit Gamification oder in Co-Creation einen fruchtbaren Boden für Change bereiten, gesellt sich meist – je nach Umfang der Neuerung – der siamesische Zwilling von Wandel, nämlich der Widerstand, mit dazu. Manchmal schleichend und manchmal mit aller Wucht. Die meisten Menschen mögen keine Veränderungen.

Unserer Erfahrung nach sind circa 20 % Prozent der Mitarbeiter von Veränderungen begeistert, stehen ihnen offen gegenüber und wollen mitmachen. 40 % haben eine neutrale Haltung dazu oder sind etwas unsicher und nehmen erst einmal eine Beobachterrolle ein. Weitere 40 % gehen sofort in die Abwehr, in den Widerstand. Und die Neutralen switchen schnell in den Widerstand, wenn wir sie überfordern.

Innere Vorbehalte gegen die Veränderung kommen im ersten Anlauf meist nicht auf den Tisch. Auch wenn Mitarbeiter eingeladen werden, ehrlich ihre Meinung zu sagen, bleibt es oft bei vorsichtiger Zurückhaltung. Auch hier können sich Angst und Befürchtungen hemmend auswirken.

Das richtige Mindset bei Widerstand

Im Grunde genommen ist nicht der Widerstand gefährlich, sondern die Ungeduld der Planer und Entscheider, mit der sie dem Widerstand begegnen. Veränderung braucht Zeit, wie auch die klassische Change-Kurve zeigt (siehe die folgende Grafik). Die Planer und Entscheider haben sich bereits emotional mit der Veränderung beschäftigt. Sie sind den Mitarbeitern also zeitlich in der emotionalen Verarbeitung der Änderungen voraus. Die Mitarbeiter durchlaufen wesentlich später als diese das Tal der Tränen. Ungeduld verschlimmert dieses Szenario und drängt die Betroffenen tiefer in die emotionale Abwehr.

Emotionale Verarbeitung von Veränderungen

Widerstand ist häufig eine Bewältigungsstrategie für Angst. Menschen haben Angst vor Neuem. Egal, ob es sich um neue Tools, neue Aufgaben oder neue Prozesse handelt. Angst hält uns gefangen und lähmt uns. Die besten Argumente verpuffen, weil wir sie, gefangen in der Angst, gar nicht hören.

Was tun Sie, wenn ein Kind Angst hat? Beachten Sie es so wenig wie möglich und warten Sie, bis seine Angst verschwunden ist? Nein. Sie wenden sich nicht ab. Im Gegenteil: Sie wenden sich dem Kind zu. Sie trösten es, hören zu, stellen Fragen etc. Genau darum geht es bei Widerstand: Hin-zu anstatt Weg-von ist die Devise. Eine »Hin zu«-Lösung ist z. B. Feedback. Doch hiervor scheuen sich Führungskräfte oft, denn es ist anstrengend und benötigt Zeit und eben Hinwendung.

Change Management ist zum größten Teil Energie- und damit Emotionsmanagement und somit auch Konfliktmanagement. Wenn eine Botschaft nicht ankommt und auf Widerstand trifft, erleben wir es oft, dass der Sender sie einfach wiederholt. Doch eine immer wieder gleiche Vorgehensweise führt stets zum gleichen Ergebnis und damit auch nicht zum Erfolg.

Gehört ist noch lange nicht verstanden und verstanden ist nicht einverstanden. Dieses Prinzip gilt für jegliche Kommunikation. Eine gute Idee zu kommunizieren, reicht also noch nicht aus. Erst wenn die Mitarbeiter Vertrauen fassen, dass es wirklich eine gute Idee ist, sind sie damit einverstanden.

Zeit für einen Perspektivenwechsel: Stellen Sie sich eine berufliche Situation vor, in der Sie selbst im Widerstand waren.

- Wie hat sich das in Ihrem Verhalten gezeigt? Wie haben Sie reagiert? Welche Bewältigungsstrategien haben Sie gewählt?
- Wie war das Verhalten Ihres Interaktionspartners? Was haben Sie beobachtet?
- Worum ging es Ihnen wirklich? Was waren Ihre Hintergründe?
- Was davon war offiziell auf der Tagesordnung, also für andere sichtbar?

Vielleicht merken Sie anhand Ihrer Reflexion, wie facettenreich und komplex Widerstand sein kann. Jeder Mensch hört, was er hören will. Er sieht, was er sehen will, und zeigt, was er zeigen will. Daher sollte bei Widerstand nicht der Sender, sondern der Empfänger der Nachricht, also der Betroffene, im Fokus stehen: Wie geht der Betroffene damit um? Welches Mindset herrscht bei ihm vor? Wie kann er überzeugt werden?

Eine Haltung, die bei der Vermittlung von Change-Vorhaben sehr hilfreich ist, ist folgende: Es gibt keinen Widerstand ohne Grund. Diese Haltung entlastet den anderen. Ihm kann kein Vorwurf gemacht werden. Widerstand darf sein und es gilt ihn zu respektieren, um ihm auf den Grund zu gehen. Wenn Führungskräfte diese Haltung ihren Mitarbeitern gegenüber einnehmen, ist schon der erste Schritt zur positiven Bewältigung getan.

> In der Psychologie ist Widerstand eine normale Reaktion auf Neues und damit Ungewisses. Beides hängt untrennbar miteinander zusammen. Gehen wir also mit der Haltung daran: Willkommen Widerstand! Widerstand, du bist mein Freund.

Drei Formen von Widerstand

Der nächste Schritt ist es zu ergründen, um welche Art des Widerstands es sich handelt. Denn Widerstand ist nicht gleich Widerstand.

Es gibt viele Modelle und Erklärungen zum Thema Widerstand. Wir stellen Ihnen hier ein einfaches Modell vor, das sehr gut in der Praxis angewendet werden kann. Es teilt Widerstand in drei Formen ein:

- Nr. 1: Ich kann nicht.
- Nr. 2: Ich will nicht.
- Nr. 3: Ich will dich nicht.

1. **Ich kann nicht:** Der Betroffene hat Angst, ob sein Können für das Neue ausreicht, ob er über die notwendigen Kompetenzen dafür verfügt. Oder er ist unsicher, ob er das Neue richtig verstanden hat. Oder es fehlt noch etwas zum Verständnis: Klarheit, Informationen oder auch Training. Beim »Ich kann nicht«-Widerstand geht es darum, in den Dialog zu gehen, Kompetenzen aufzubauen, zu trainieren, Fragen zu beantworten, Klarheit zu schaffen, Mut zum Handeln zu vermitteln.
2. **Ich will nicht:** Diese Form des Widerstands ist schon etwas emotionaler und damit auch stärker als die erste Form. Vielleicht kennen Sie das Buch »Der Vorleser« von Bernhard Schlink. Die weibliche Protagonistin, Hanna Schmitz, geht lieber ins Gefängnis, als zuzugeben, dass sie nicht lesen kann. Das zeigt: Aus dem »Ich kann nicht« kann ganz schnell ein »Ich will nicht« werden. Ziel ist es also, den Grund für das »Ich will nicht« zu erforschen, um entsprechend zu handeln. Wir sind Meister darin, all das abzuwehren, was nicht in unser Weltbild passt. Wenn Menschen zwar wissen, was auf sie zukommt, aber Angst davor haben, geht es darum, in den Dialog zu gehen und Lösungswege aufzuzeigen. Welche

Angst bzw. welche Emotionen stecken hinter dem »Ich will nicht«? Diese Angst gilt es zu überwinden und die Energie, die dadurch freigesetzt wird, in richtige Bahnen zu lenken.

3. **Ich will dich nicht:** Die stärkste Form des Widerstands ist der Widerstand gegenüber einer Person. Wenn ein Change den nächsten jagt, gibt es oft viel verbrannte Erde. Das führt auch schon einmal dazu, dass Mitarbeiter das Vertrauen in die Führungskräfte verlieren. Dieses Vertrauen Schritt für Schritt wiederaufzubauen, nimmt viel Zeit und Geduld in Anspruch. Ein paar hilfreiche Tipps dafür: Treten Sie in einen intensiven Austausch. Initiieren Sie gemeinsame positive Erlebnisse. Bleiben Sie ehrlich und authentisch. Räumen Sie dem anderen Handlungsspielräume ein und sehen Sie Fehler als Lernchancen. Und zu guter Letzt: Üben Sie sich in Geduld, denn Vertrauensaufbau braucht Zeit.

Umgang mit Widerstand

Um Menschen in Bewegung zu bringen, reichen rationale Erklärungen nicht aus. Es braucht Emotionen, um andere mitzureißen und sie für etwas zu gewinnen. Betrachten wir zur Verdeutlichung ein simples, doch sehr aussagekräftiges Modell: das Eisbergmodell.

Das Eisbergmodell

Viele appellieren gerne an die Ratio der Mitarbeiter, wenn es um Change geht. Sie präsentieren Zahlenkolonnen, Konzepte und Pläne. Doch leider erreichen sie damit ihre Mitarbeiter nicht. Die Ratio, die Zahlen, Daten, Fakten braucht, bildet nur die Spitze des Eisbergs. Unterhalb der Wasseroberfläche, und damit nicht sicht- oder greifbar, befinden sich die Ängste, andere Gefühle und Emotionen, Bedürfnisse. Oft wird Kommunikation mit Information gleichgesetzt. Doch Informationen bedienen nur die Ratio, also die Ebene oberhalb des Wassers. Echte Kommunikation taucht ein, und zwar tief ins Wasser zum restlichen Eisberg, in die Emotionen, in die Gefühle.

Erkenntnisjunkies und Umsetzungsautisten

Fritz Perls, ein bekannter Psychiater und Begründer der Gestalttherapie, hat es sehr eindringlich ausgedrückt. Er hatte viele gutsituierte und intellektuelle Patienten, die gerne redeten, die kognitiv brillant waren. Doch sie gingen nicht in ihre Emotionen. Sie blieben beim Reden und veränderten sich damit nicht. Perls nannte das »Mindfucking«.

Jeder Change braucht einen emotionalen Schub. Um ihn umzusetzen, müssen wir untertauchen, eintauchen in Ängste, in die Beziehung, und Emotionen zulassen.

Wenn Neues attraktiv ist, folgen Menschen gerne. Sie haben Lust darauf und positive Emotionen herrschen vor. Wenn die aktuelle Lage so ist, dass man Angst vor ihr hat, sind Menschen zwar auch bereit, sich zu verändern. Jedoch sind Angst und negative Emotionen schlechte Begleiter im Change. Wenn weder Lust noch Angst vorhanden sind, verharren Menschen gerne im Status-quo. Da es bei unseren Agilisierungsvorhaben weder um Personalabbau noch um vergleichbar schlechte Nachrichten geht, halten wir sehr viel davon, Menschen Lust auf Veränderung zu machen. Das heißt, einen Rahmen zu schaffen, in dem Menschen gerne lernen, sich ausprobieren, Fehler machen dürfen und sich weiterentwickeln können.

Was Mitarbeiter im Change brauchen

1. Verständlichkeit: Der Sinn und Zweck des Neuen müssen verstanden werden.
2. Einfachheit: Verständlichkeit setzt Einfachheit voraus. Keep it simple! Sprechen Sie die Sprache der Zielgruppe – der Mitarbeiter im Change.
3. Sicherheit: Veränderung erzeugt Ängste. Vor allem im Wandel brauchen Menschen daher viel Sicherheit.
4. Vertrauen und Mut: Betroffene halten lieber am Alten fest und fürchten Verlust mehr, als sie Gewinn begrüßen.
5. Wertschätzung und Anerkennung: Menschen, die gesehen werden, deren Wert man schätzt, deren Beitrag für das große Ganze man anerkennt, wachsen über sich hinaus. Jede Veränderung wird als Kritik am Bestehenden gewertet. Wertschätzen Sie also, was Ihre Leute gut können oder gut gemacht haben.
6. Transparenz: Klarheit und Offenheit schaffen Verständnis und Vertrauen.
7. Fairness: Menschen wollen gerecht behandelt werden.
8. Zeit für Erfahrungen: Mitarbeiter sollten Zeit haben, das Neue auszuprobieren. Nur so können sie daran wachsen und sich weiterentwickeln.

Wer seinen Mitarbeitern all dies in sich wandelnden Zeiten gibt, vermittelt Zugehörigkeit, Verbundenheit und Handlungsfähigkeit.

> Schaffen Sie nicht nur die Voraussetzungen dafür, sondern sorgen Sie auch dafür, dass die entsprechenden Botschaften bei Ihren Mitarbeitern ankommen.

Transformation des Widerstands

Erst wenn wir verstehen, warum Menschen im Widerstand sind, können wir sie beeinflussen. Erst dann haben wir eine Wahl, was wir tun können. Widerstand von anderen hängt immer auch von unserer Person ab. Menschen reagieren auf das, was wir gesagt oder getan haben. Die Interaktion zwischen Menschen ist wie ein Tanz, der einmal vorwärts und dann wiederum rückwärts geht. Wir können den Widerstand von anderen nur beeinflussen, wenn uns klar ist, dass auch wir von Menschen im Widerstand beeinflusst werden. Einmal leiten und führen wir und einmal folgen wir (inspiriert von Maurer, Rick, Beyond the Wall of Resistance: Why 70 % of All Changes Still Fail – And What You Can Do About it, 2010).

Die Konsequenz: Change Leadership

Aktion erzeugt Reaktion. Es geht also auch darum, sich selbst zu führen.

Checkliste für Führungskräfte

1. Klare Haltung einnehmen und Sicherheit ausstrahlen:
2. Sie hinterlassen immer einen Eindruck. Welches Image wollen Sie haben? Was sollen Menschen über Sie sagen, wenn Sie nicht im Raum sind?

   Optimismus und Kompetenz aussenden: Sind Sie sich bewusst, dass Menschen zu Ihnen aufschauen? Strahlen Sie positive Energie und Kompetenz aus?
3. Vernetzung und Netzwerke: Können Sie auf ein belastbares Netzwerk zugreifen? Können Sie sich offen und ehrlich mit Kollegen austauschen?
4. Reflexion eigener Fähigkeiten: Sie müssen nicht alles können. Doch Sie sollten wissen, was Sie können und wo Sie Support benötigen.
5. Widersprüche aushalten: Sie entscheiden besonnen und klar und sind handlungsfähig, auch in widersprüchlichen und unsicheren Situationen.
6. Kommunikationsfähigkeit, Offenheit und Feedback: Sie besitzen ausgeprägte kommunikative Fähigkeiten und beherrschen die Kunst des Feedbacks.
7. Coach und Teamplayer: Sie verstehen sich als Coach Ihrer Mitarbeiter und beherrschen gängige Coachingtechniken und -Fragen. Sie sind Teamplayer und nicht der alten Weisungs- und Kontrollwelt verhaftet.
8. Gelassenheit und Beharrlichkeit: Resilienz ist für Sie kein Fremdwort. Sie besitzen die nötige Gelassenheit. Wo es erforderlich ist, verfolgen Sie beharrlich Ihr Ziel.

Das Neue zur Gewohnheit machen

Neues angehen bedeutet auch Altes loszulassen. Denn wer das nicht tut, ist wie ein Autofahrer, der geradeaus fährt, dabei aber stets in den Rückspiegel sieht. Setzen Sie den richtigen Fokus: Blicken Sie nach vorne. Nutzen Sie die folgenden vier Quadranten, um die nächsten Schritte zu planen und auch umzusetzen.

Fragen, die Sie klären sollten, um Widerstand zu verringern (inspiriert durch Klaus Doppler, Change – Wie Wandel gelingt, S. 109 f.)

Erfolgsgewohnheiten für ein neues Ökosystem

Zwischen 30 und 50 % unserer täglichen Handlungen basieren nicht auf bewussten Entscheidungen, sondern sind unbewusst ablaufende Routinen. Nehmen wir als Beispiel das Autofahren. Als Fahranfänger verlangt es uns höchste Konzentration ab. Von Mal zu Mal ist es weniger anstrengend, geht es uns locker von der Hand. Irgendwann fahren wir dann quasi unbewusst, wenngleich zielgerichtet.

Gewohnheiten erleichtern uns den Alltag. Sie entlasten unser Gehirn, weil es dafür weniger Energie aufwenden muss als für Unerwartetes.

Gewohnheiten verändern

Allerdings haben Gewohnheiten auch eine Kehrseite: Sind sie erst einmal da, lassen sie sich nicht von heute auf morgen beseitigen. Und sie verschwinden nicht einfach so. Das hat zwar auch seine Berechtigung, denn es wäre ja auch schrecklich, wenn wir nach jedem Winter wieder neu Radfahren lernen müssten. Allerdings machen Gewohnheiten es uns auch sehr schwer, Neues zu tun. Die alten Pfade und Straßen in unserem Gehirn bleiben bestehen. Wir müssen erst einmal eine Zeit lang neue neuronale Routinen schaffen, um die Kontrolle über bestehende Gewohnheitsschleifen zu übernehmen und neue Bahnen im Kopf auszubilden.

Schlüsselgewohnheiten identifizieren und nutzen

Forscher entdeckten beispielsweise in Studien mit adipösen Patienten, wie schwer es ist, Gewohnheiten von Grund auf zu ändern. Wurde von den stark Übergewichtigen eine radikale Umstellung ihres Essverhaltens verlangt, verfielen sie rasch wieder in alte Essgewohnheiten. Mehr Erfolg hatte eine andere Vorgehensweise: Die Studienteilnehmer sollten einmal pro Woche zu einer bestimmten Zeit alles aufschreiben, was sie aßen. Das Protokoll wurde zur Gewohnheit, und mit der Zeit erkannten sie ihre Muster. Es gelang ihnen damit nach und nach, ihre Ernährung umzustellen. Sie gewöhnten sich an, statt zu naschen, Obst zu essen und bewegten sich mit der Zeit mehr. Das Esstagebuch wurde zur Schlüsselgewohnheit, dass die Ausbildung anderer Gewohnheiten begünstigte. Nach sechs Monaten hatten die Patienten doppelt so viel Gewicht abgenommen wie eine andere Gruppe ohne solche bewussten Routinen.

Diese Erkenntnisse lassen sich auf Veränderungen in Unternehmen übertragen: In allen Organisationen gibt es Gewohnheiten. Institutionelle Routinen existieren neben persönlichen Angewohnheiten und neben Ritualen von Gruppen und Teams.

Empirische Befunde zeigen, dass Change nur stattfinden kann, wenn wir alternative Routinen finden und implementieren, also neue Gewohnheiten im Unternehmen schaffen. Die Erfolgschancen erhöhen sich dramatisch, wenn wir das in einer Gruppe tun. Hier reichen schon zwei Personen. Der Glaube an den Erfolg ist unerlässlich und dieser wächst noch mehr mittels gemeinschaftlicher Erfahrungen.

Unterstützt wird der Prozess mit wenigen definierten Schlüsselgewohnheiten, die identifiziert werden und als mächtige Hebel genutzt werden können. Und noch mehr begünstigt wird das Ganze, wenn wir es in einer Gruppe tun.

BEISPIEL: EIN UNTERNEHMENSWANDEL – DIE ALCOA-STORY

Krisen sind Gelegenheiten, Rituale und Muster von Unternehmen anzupassen und neu auszurichten. Beim einst von Streiks geplagten US-Aluminiumkonzern Alcoa hatten die bisherigen Vorstände stets härteres Arbeiten verordnet, um den Gewinn zu erhöhen, mit der Konsequenz, dass sie die Arbeitnehmer gegen sich aufbrachten. Mit dem neuen Vorstandschef Paul O'Neill änderte sich das. Er setzte an einem anderen Hebel an, um einen Wandel im Unternehmen einzuleiten. O'Neill suchte eine auslösende Veränderung, eine neue Gewohnheit, die alles veränderte. Er nahm sich dazu nur eine einzige Schlüsselgewohnheit vor, und zwar den Arbeitnehmerschutz. Sein Ziel war es, die Anzahl der Arbeitsunfälle zu verringern. Gegen Unfallvermeidung konnte niemand etwas sagen: Schritt für Schritt änderten sich unter seiner Regie die firmeninternen schwerfälligen Verhaltensmuster. Jede Sparte musste ein neues Kommunikationssystem installieren, das es für die einfachen Arbeiter wie auch den Manager erleichterte, neue Vorschläge zum Arbeitsschutz zu übermitteln. Die Kosten sanken und in der Konsequenz stiegen Qualität und Produktivität. Der allmähliche Rückgang der Unfallrate war ein Gewinn, der zudem ein Klima erzeugte, in dem neue Ideen willkommen waren.

Welche Schlüsselgewohnheit mit starker Hebelwirkung könnten Sie in Ihrem Unternehmen implementieren? Bei Agilisierungsprojekten blicken wir als Berater zuerst auf die Werte und Muster und Rituale eines Unternehmens, um an diese anzudocken und ausgehend von diesen mithilfe von Tools wie dem viralen

Schneeball neue Gewohnheiten aufzubauen (eine Auswahl geeigneter Techniken finden Sie im Kapitel »Die agilen Tools«).

Persönlicher Change mit dem Change Loop

Um neue Gewohnheiten und Rituale zu bauen, müssen die neuen Verhaltensweisen wiederholt werden. Es braucht viele Wiederholungen, ehe sich ein Verhalten als Gewohnheit festigt. Und das gilt nicht nur für Veränderungen in Organisationen, sondern auch, wenn wir uns selbst ändern wollen. Leichter wird es mit dem Modell »Change Loop«: Sie verknüpfen darin das neue Verhalten mit einem Auslösereiz und einer Belohnung. Unser Gehirn liebt Belohnungen!

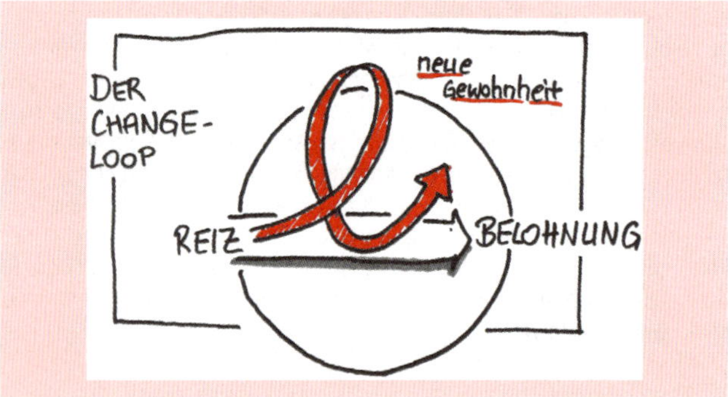

Ein Beispiel zur Anwendung des Modells: Wertschätzung und Anerkennung sind Grundbedürfnisse von Menschen. Mal angenommen, Sie sind Führungskraft und entscheiden sich bewusst dafür, Ihre Mitarbeiter künftig mehr wertzuschätzen. Doch wie anfangen und umsetzen? Am besten mit dem Change Loop:

- Identifizieren Sie einen Auslösereiz. Das ist idealerweise eine Handlung, die Sie mehrmals am Tag ausüben, wie z. B. in die Caféküche zu gehen, um Kaffee oder Tee zu holen.
- Jedes Mal, wenn Sie in Zukunft in die Teeküche gehen, zeigen Sie der Person, die Sie auf dem Weg treffen, Ihre Wertschätzung: Machen Sie ihr Komplimente (natürlich nur ehrlich gemeinte), stellen Sie interessierte Fragen und hören Sie ihr zu. Seien Sie in Gedanken ganz bei der Person und zeigen Sie ihr Ihre Anerkennung, verbal und nonverbal. Bauen Sie also eine Wertschätzungs-Schleife und machen Sie sich auf die Suche nach den Schätzen Ihrer Mitarbeiter.
- Die Belohnung für diesen Loop: Mitarbeiter fühlen sich mehr gesehen. Das wirkt sich positiv auf ihre Motivation und die Arbeitsatmosphäre aus.

Wie können Sie den Change Loop in Ihrem Team nutzen, um neue Rituale und Gewohnheiten, so vor allem neue agile Arbeitsweisen, zu implementieren? An welches Ritual können Sie gut andocken?

Veränderung braucht Willenskraft

Change braucht Willenskraft und Durchhaltevermögen, besonders wenn es darum geht, das Neue nachhaltig und erfolgreich im Unternehmen und im Team zu implementieren. Begeisterung alleine reicht nicht.

Willenskraft ist uns nicht in die Wiege gelegt. Sie ist keine Frage guter Gene. Man kann sie trainieren wie einen Muskel und dementsprechend kann sie auch erschlaffen. Wie schnell das geht, zeigt ein Experiment des Psychologen Roy Baumeister aus dem Jahr 1998: Hungrige Studienteilnehmer wurden in zwei Gruppen aufgeteilt und dann in einen Raum geführt. Dort standen zwei Schüsseln: eine mit frisch gebackenen Keksen und eine mit Radieschen. Die eine Gruppe durfte nur Radieschen essen und sollte die Kekse ignorieren. Die zweite durfte sich beim Gebäck bedienen. Die Keksesser waren im siebten Himmel. Die Radieschen-Gruppe erlitt Qualen, denn es brauchte so einiges an Willenskraft, um die lecker duftenden Kekse zu ignorieren. Der Hauptpart des Experiments folgte im nächsten Schritt: Beide Gruppen sollten ein mathematisches Geduldspiel lösen. Die Keksesser blieben doppelt so lange bei der Aufgabe wie die Radieschenesser.

Das Experiment zeigt: Wenn wir etwas Neues angehen, ist es wichtig, dem Raum zu geben und unseren Willenskraft-Muskel zu schonen, damit wir dafür genügend Kraft und Durchhaltevermögen haben.

Wertschätzung steigert die Willenskraft

Das Verhalten von anderen hat entscheidenden Einfluss auf unsere Willenskraft. Vor allem Wertschätzung scheint ein mächtiger Hebel zu sein, was ein weiteres Keks-Experiment zeigt: Probanden wurden in zwei Gruppen eingeteilt, wieder mit dem Auftrag, die Kekse nicht zu essen. Die eine Gruppe wurde freundlich behandelt. Man erläuterte den Teilnehmenden das Experiment. Zudem wurden sie befragt, ob sie Ideen zur Verbesserung des Experiments hätten, und man bedankte sich auch für ihre Zeit. Die andere Gruppe wurde forsch behandelt. Man erläuterte ihr weder den Zweck des Experiments, noch machte man ihr Komplimente oder zeigte Interesse am Feedback der Probanden. Beide Gruppen schafften es, die Kekse zu ignorieren. Danach wurden sie gebeten, einen Zahlentest machen, eine Standardmethode zum Testen der Willenskraft. Hier trennte sich die Spreu vom Weizen. Die Gruppe, die höflich behandelt wurde, konnte sich gut auf den Test konzentrieren, während die andere Gruppe wegen Erschöpfung vorweg aufgab. Ihr Willenskraft-Muskel war durch die forschen Anweisungen offensichtlich schneller erschlafft.

Handlungsmacht steigert Willenskraft

Ein weiterer entscheidender Einflussfaktor auf die Willenskraft ist das Gefühl, selbst die Zügel in der Hand zu haben. Wenn Menschen etwas tun sollen, was Selbstbeherrschung erfordert, ist es weit weniger anstrengend, wenn sie glauben, dass sie es aus eigenem Antrieb tun, d. h., wenn sie das Gefühl haben, es ist eine bewusste Entscheidung, etwas, das ihnen Freude macht, oder weil es jemandem hilft. Wenn sie aber das Gefühl haben, es nur auf Anweisung zu tun, erschlaffen ihre Willenskraft-Muskel viel schneller wieder. Wenn Mitarbeiter eigenständig handeln können und echte Entscheidungskompetenz besitzen, steigert das ihre Leistungsmotivation und auch die Konzentration.

BEISPIEL: DAS FLIEßBAND-EXPERIMENT

Fließbandarbeiter steigerten ihre Produktivität um 20 %, nachdem man ihnen bei der Arbeitsplanung und Gestaltung der Arbeitsumgebung Entscheidungsspielräume gewährt hatte: Sie entwarfen ihre Dienstkleidung selbst und durften ihre Schichten selbst festlegen.

> Partizipation schafft Commitment und Motivation.

Wo können Sie Ihren Mitarbeitern mehr Entscheidungsspielräume geben? Können Sie sie noch mehr in Veränderungen einbinden?

Agiles Alignment: gemeinsam geht es schneller und besser

Egal wie Sie in diesem Kapitel angekommen sind, ob nach der Wasserfall-Methode Seite für Seite oder agil, weil das Alignment, also die gemeinsame Ausrichtung, für Sie gerade ein spannendes Thema ist: In diesem TaschenGuide bildet es den Schlusspunkt, weil es letztlich immer darauf ankommt, gemeinsam mit einem agilen Team erfolgreicher zu sein.

Agiles Alignment beginnt beim Einzelnen

So widersprüchlich das auch klingen mag: Agiles Alignment beginnt immer beim Einzelnen. »Seid doch mal agil!«, funktioniert als Führungsmodell nicht. Agilität lässt sich nicht wegdelegieren. Und nur weil das Management von agil nichts wissen will, heißt das nicht, dass man damit warten muss, bis endlich jemand von oben beginnt. Das bedeutet: Wenn Sie den Mehrwert des agilen Arbeitens erkennen und davon überzeugt sind, dass es schneller bessere Ergebnisse bringt, starten Sie mit der agilen Kultivierung Ihres Teams, Ihrer Organisation!

Einer ist alleine, zwei sind ein Paar, drei sind eine Menge

Beginnen Sie damit, Gleichgesinnte anzusprechen, starten Sie erste Versuchsballons, suchen Sie sich Anwendungsbereiche, wo Sie sicher sind, dass agile Methoden und Techniken rasch einen direkt erlebbaren Mehrwert bringen.

Der schwierigste Schritt ist es meist, den ersten Verbündeten für Ihr Vorhaben zu finden. Zu zweit überzeugen Sie einen dritten mit nicht mal halb so viel Aufwand, und zu dritt sind Sie bereits eine wahrnehmbare Einflussgröße. Also machen Sie sich so rasch wie möglich auf die Suche nach Weggefährten.

Vertrauen

Damit andere Ihnen auf Ihrem Weg folgen, braucht es Vertrauen. Ihre Weggefährten müssen sich sicher in der Beziehung und im gemeinsamen Handeln fühlen.

Aber wie können Sie Vertrauen aufbauen? Wie oft liest man in Werte-Kodizes den Satz: »Wir vertrauen einander!« Wir befürchten, dass sich Vertrauen, wie jedes andere Gefühl auch, nicht einfach so verordnen lässt. Stellen Sie sich vor, Sie gehen zu einem Fremden und sagen: »Ich befehle Ihnen, mich zu mögen!« Das wird vermutlich genauso wenig erfolgreich sein, wie die Vertrauensverordnung an alle Mitarbeiterinnen und Mitarbeiter in einem Unternehmen.

Was also tun? Sie können eine vertrauensvolle Kultur nur durch eines begünstigen: Stellen Sie so viele erfolgreiche Kontakte her wie möglich. Denn Vertrauen entsteht aus der Summe erfolgreicher Kontakte!

Erfolgreiche Kontakte für starkes Alignment

Das legt natürlich die Frage nahe, was ein erfolgreicher Kontakt in einem Unternehmskontext ist. »Kontakt« in Verbindung mit Vertrauensaufbau kann auch eine Serie von Kontakten oder eine Ereignisreihe sein. Damit haben wir uns auseinandergesetzt und folgende einfache Kriterien definiert, damit ein erfolgreicher Kontakt entsteht, der den Vertrauensaufbau stärkt.

1. **Relevantes Thema**: Es ist nicht nur ein sozialer Kontakt, sondern es geht um ein von beiden Seiten anerkanntes und wichtiges Thema in der Arbeit, bei dem Erfolg oder Misserfolg wahrnehmbare Auswirkungen für jeden Beteiligten haben kann.
2. **Gemeinsamer Erfolg**: Alle haben gemeinsam eine Lösung erarbeitet, die sie als Erfolg anerkennen. Es reicht also nicht,

dass andere das Ergebnis gut finden. Jene Personen, die Vertrauen aufbauen wollen, sehen die gemeinsame Arbeit als persönlichen Erfolg an. Manchmal hilft es, das konkret anzusprechen.

3. **Emotional bedeutend**: Feiern Sie den Erfolg am Ende? Bedanken Sie sich bei den anderen persönlich für deren Beitrag? Das sind typische Mittel, die den Erfolg auch emotional bedeutend machen, vorausgesetzt, es ist Ihnen ernst damit. Die emotionale Bestätigung am Ende wird leider häufig vergessen, ist jedoch das vermutlich wichtigste Element des erfolgreichen Kontaktes.

Vertrauen und agiler Wechsel – ein Widerspruch?

Viele Menschen werden Ihnen sagen, dass Vertrauen etwas mit Stabilität zu tun hat. Sprunghaftigkeit, Wechselhaftigkeit, Veränderungen helfen den meisten nicht beim Vertrauensaufbau. Je stabiler und gewohnter Abläufe sind, desto einfacher fällt es Menschen, sich zurechtzufinden. Stabile Prozesse und Gewohnheiten verhindern Missverständnisse. Jeder weiß, was zu tun ist.

Der Nachteil der Stabilität: Begeisterung und Schwung gehen verloren. Denn wer freut sich schon über die 326te Wiederholung eines funktionierenden Ablaufs? Niemand wird sagen: »Perfekt, du hast den Wochenreport wieder zur richtigen Zeit und vollständig dem Management vorgelegt! Wie die letzten 126 Wochen auch. Lass uns das wie letzte Woche feiern gehen ...«

Routine kann langweilen, Erneuerung belebt. Und genau diese Emotionen, die aufkommen, wenn man gemeinsam neue Erfolge erlebt, sind ein wesentlicher Faktor, wenn es um Vertrauensbildung geht. Sie sind in der Lage, schneller und stärkeres Vertrauen auszubilden, als es Stabilität alleine kann.

Schwache Teams – starke Teams – agile Teams

Vermutlich fallen Ihnen ohne große Mühe Kennzeichen schwacher Teams ein. Die Auswahl ist leider groß. Für uns gibt es drei klare Spitzenreiter:

- **Keine Ergebnisse:** Klar, ohne Ergebnisse macht Teamarbeit keinen Sinn.
- **Kein Lernen und keine Veränderung:** Es kann sein, dass das Team im Moment gut performt. Doch was ist, wenn sich die Anforderungen verändern? Tritt das Team auf der Stelle, ist es keine Frage, ob, sondern nur wann das Team scheitern wird.
- **Auflösung unter Druck:** Wenn es hart auf hart kommt und Schwierigkeiten auf das Team einprasseln, stellt sich die Frage: Hält das Team zusammen und nimmt es nochmal Fahrt auf oder beginnt die Schuldigensuche und das Fingerpointing?

Vor allem die letzte Hürde umgehen agile Teams am besten. Sie sind es gewohnt, auch auf unvorhergesehene Anforderungen rasch und flexibel zu reagieren. Sie erstarren dann nicht in Ratlosigkeit oder verfallen in blinden Aktionismus, sondern greifen auf Methoden zurück, die sie dabei unterstützen, die

Probleme zu lösen. Konzept statt Panik. Entschlossenes gemeinsames Handeln statt Totstellen.

Daher empfehlen wir, gemeinsam mit dem Team ungeachtet des momentanen Erfolgs stets zu reflektieren: Schaffen wir es auch bei ernsthaften Hindernissen? Wissen wir, wie wir mit plötzlichen Änderungen umgehen? Ist es sicher, dass alle dann an einem Strang ziehen? Wenn alle im Team jede dieser Fragen mit einem überzeugten »Ja!« beantworten, ist das richtige Alignment gelungen. Ein Alignment, bei dem Sie sicher sein können, dass es Sie und alle, die dabei sind, zum Erfolg führt. Denn dann arbeiten Sie mit und in einem starken und agilen Team!

Stichwortverzeichnis

Impressum

Bibliografische Information der Deutschen Nationalbibliothek
Die Deutsche Nationalbibliothek verzeichnet diese Publikation in der Deutschen Nationalbibliografie; detaillierte bibliografische Daten sind im Internet über http://www.dnb.dnb.de abrufbar.

Print: ISBN: 978-3-648-14187-8 Bestell-Nr.: 10553-0001
ePub: ISBN: 978-3-648-14188-5 Bestell-Nr.: 10553-0100
ePDF: ISBN: 978-3-648-14189-2 Bestell-Nr.: 10553-0150

Susanne Nickel, Gunhard Keil
So geht Agilität – Die besten agilen Methoden im Job

1. Auflage 2020

© 2020, Haufe-Lexware GmbH & Co. KG, Munzinger Straße 9, 79111 Freiburg
Redaktionsanschrift: Fraunhoferstraße 5, 82152 Planegg/München
Internet: www.haufe.de
E-Mail: online@haufe.de
Redaktion: Jürgen Fischer
Konzeption, Realisation und Lektorat: Nicole Jähnichen, www.textundwerk.de

Bildnachweis: Jurga Graf (Cover), Claudia Bingel (Grafiken im Innenteil)

Alle Rechte, auch die des auszugsweisen Nachdrucks, der fotomechanischen Wiedergabe (einschließlich Mikrokopie) sowie der Auswertung durch Datenbanken oder ähnliche Einrichtungen, vorbehalten.

Die Autoren

Susanne Nickel

ist *die* Expertin für Change 4.0, innovative Leadership und Recruiting. Sie ist eine von 18 Frauen der Top100Speaker im deutschsprachigen Raum und brennt mit Leib und Seele für agilen Change. Auch in ihrer eigenen Karriere hat sie bereits viele Veränderungen erfolgreich gemeistert. Ihre Stationen: Managerin und Unternehmensberaterin bei Kienbaum und Haufe, Pressesprecherin und gefragte TV-Expertin. Sie ist in fast allen DAX-30-Unternehmen ein- und ausgegangen. Vom Change im Mindset bis zur erfolgreichen Implementierung begleitet sie Unternehmen auf dem Weg zu mehr Agilität im Dschungel der digitalen Transformation. Susanne Nickel lebt, was sie lehrt. Sie ist Rechtsanwältin, Wirtschaftsmediatorin, Management-Beraterin und Top Executive Coach. Die Autorin von mittlerweile vier Büchern hat Tanz an der renommierten Folkwang-Hochschule bei Pina Bausch studiert und verbindet das, was Unternehmen für jeden Change brauchen, in der richtigen Mischung: Struktur und Kreativität, Ratio und Emotio. Ihr Credo: Change kann Spaß machen!

Gunhard Keil

ist IT-Unternehmer, Unternehmensberater, Professional Keynote Speaker und zertifizierter Aufsichtsrat (CSE). Er berät Vorstände von internationalen Konzernen in allen Themen rund um die Digitalisierung, ist gefragter Verhandlungsexperte und begleitet als Top Executive Coach Unternehmer auf ihrem Weg an die Spitze. Seine Führungserfahrung hat er in der automotiven Industrie an der Schnittstelle Logistik und IT gesammelt, unter anderem auch als Mitglied des Executive Boards eines 1.800 Mitarbeiter starken IT-Service-Unternehmens. Gemeinsam mit zwei Partnern gründete er 2018 die digitalsee GmbH, ein agiles Digitalisierungsunternehmen, welches sich auf Projektmanagement, IT-Service und New Work spezialisiert hat. Der Jurist und Psychologe lehrt bzw. lehrte als Dozent an der WU Executive Academy, am IMC Krems und an der FH Wiener Neustadt. In seiner Freizeit widmet er sich ehrenamtlich der Arbeit für Menschen mit Behinderung.

Gunhard Keil und Susanne Nickel sind beide Geschäftsführer in der gemeinsam gegründeten Unternehmensberatung Nickel&Keil. Mehr zu den Autoren via www.nickelundkeil.com.

HAUFE.

DIGITALE ARBEIT GESTALTEN

je 128 Seiten
Buch: **€ 9,95** [D] | eBook: **€ 3,99**

Immer mehr Menschen arbeiten im Homeoffice, gleichzeitig braucht die Zusammenarbeit mehr – den persönlichen Austausch. Beide TaschenGuides geben Tipps und Antworten bei diesen wichtigen Themen.

Jetzt versandkostenfrei bestellen:
taschenguide.de
0800 50 50 445 (Anruf kostenlos) oder in Ihrer Buchhandlung